如果“霾”会说话

RUGUO MAI HUISHUOHUA

《如果“霾”会说话》编委会/编

中国环境出版集团·北京

图书在版编目（CIP）数据

如果“霾”会说话 /《如果“霾”会说话》编委会编 . —北京：中国环境出版集团，2019.6

ISBN 978-7-5111-4039-5

Ⅰ. ①如… Ⅱ. ①蜂… Ⅲ. ①空气污染—污染防治—普及读物 Ⅳ. ① X51-49

中国版本图书馆 CIP 数据核字 (2019) 第 131113 号

出 版 人 武德凯
责任编辑 田 怡
责任校对 任 丽
封面设计 彭 杉

出版发行 中国环境出版集团
（100062 北京市东城区广渠门内大街 16 号）
网 址：http：//www.cesp.com.cn.
电子邮箱：bjgl@cesp.com.cn.
联系电话：010-67112765（编辑管理部）
发行热线：010-67125803 010-67113405（传真）
印 刷 北京盛通印刷股份有限公司
经 销 各地新华书店
版 次 2019 年 6 月第 1 版
印 次 2019 年 6 月第 1 次印刷
开 本 787 × 1092 1/16
印 张 5
字 数 50 千字
定 价 35.00 元

编委会

文学顾问：李春元

主　　编：代志轩

编委会成员：廊坊市科学技术协会

廊坊广播电视台

廊坊市智慧环境生态产业研究院

$PM_{2.5}$ 特别防治小组

廊坊蜂海科技有限公司

漫画创作：刘迎杰　王春芳　王　珺

张　帆　陈立伟　张安然

刘　爽　常胜越　马婧杰

目录

大气污染物首领

空气中因悬浮着大量的烟、尘等微粒而形成的混浊现象

灰尘

悬浮在空气中的微粒，大气污染物之一

咱们唠唠吧！
杂

如果“霾”会说话

1 认识大气

小灰，你了解我们身边的大气吗？
大气？小灰我就很大气啊！
额，我说的是地球表面的大气啦！
杂
按照国际标准化组织对大气的定义：大气是指环绕地球的全部空气的总合。

简单点说吧，大气是多种物质的混合物，主要由三部分组成：干燥清洁的空气、水蒸气以及各种杂质。来认识一下吧！
杂
H_2O
你好~
偷瞄~
是谁?!
老大，这些气体在这鬼鬼祟祟的！
O_3
CO

噢，这都是人类造成的大气污染物啊！
杂
CO
O_3
SO_2

大气污染物就是人类活动或自然过程中排入大气的对人或环境有害的物质。像二氧化硫 SO_2、一氧化碳 CO、臭氧 O_3 等。

大气污染现象发生时，
会对能见度产生一定程度的影响。
能见度？早上听天气预报里面说了今天能见度很低。
嗯~
不错嘛小灰，“能见度”这么专业的词你都知道！
那当然了！我知道的还多着呢！
杂
那你说说啥是能见度？
额，这个么...
小课堂
能见度
杂
“能见度”也被称为“气象视程”
是指正常视力的人，
能从背景中认识出目标物
或大或小的最远距离。
如果我们遇上能见度低于100米的情况，最好减少外出。必须外出时，也要做好防范措施。
End

如果“霾”会说话

2 过分的紫外线

小灰和霾头继续走
在路上……
杂
刺痛
哎呀!
老大，刚才我的脸
好像被什么刺到了

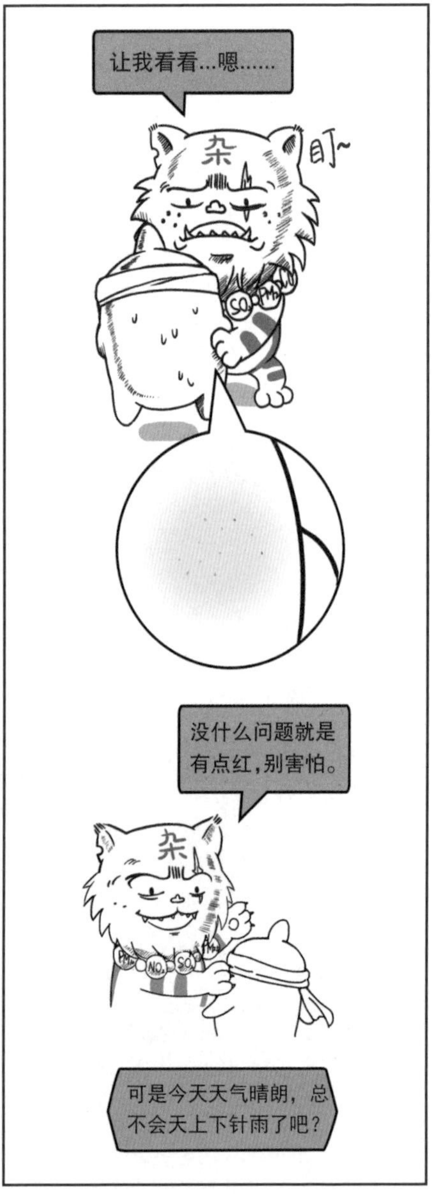
让我看看...嗯......
杂
盯~
没什么问题就是
有点红,别害怕。
杂
可是今天天气晴朗，总
不会天上下针雨了吧?

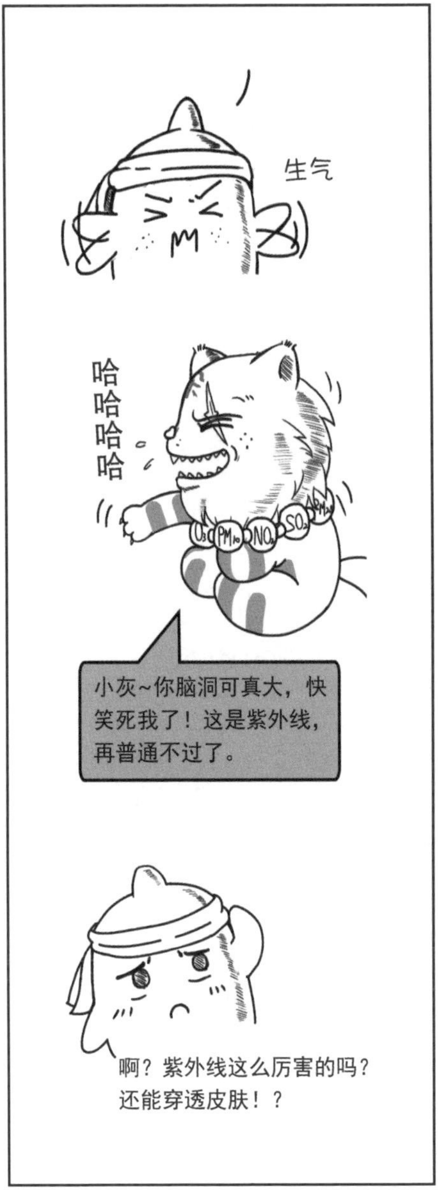
生气
哈哈哈哈
O_3 PM_{10} NO_2 SO_2
小灰~你脑洞可真大，快笑死我了！这是紫外线，再普通不过了。
啊？紫外线这么厉害的吗？还能穿透皮肤！？

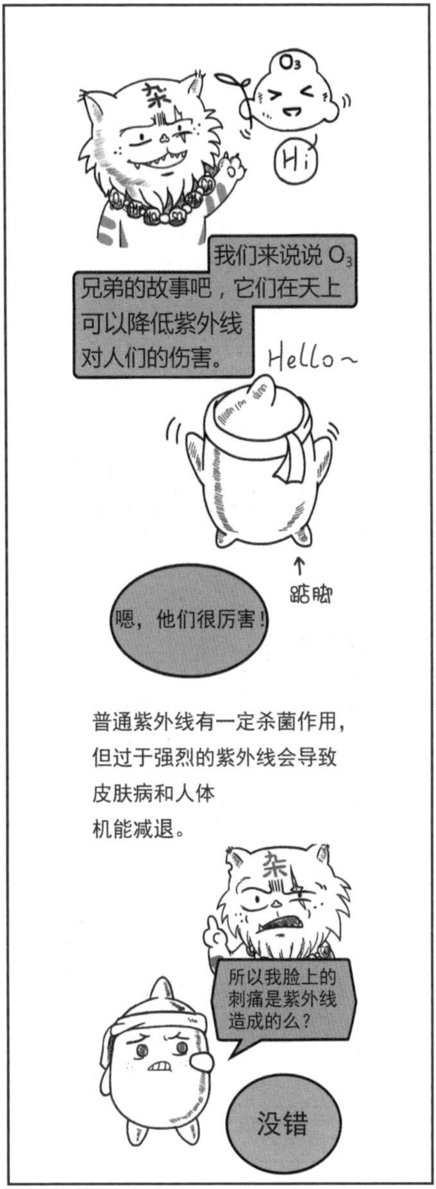
O_3
杂
Hi
我们来说说 O_3 兄弟的故事吧，它们在天上可以降低紫外线对人们的伤害。
Hello~
踮脚
嗯，他们很厉害！
普通紫外线有一定杀菌作用，但过于强烈的紫外线会导致皮肤病和人体机能减退。
杂
所以我脸上的刺痛是紫外线造成的么？
没错

1928年以来，人类使用了大量制冷剂、灭火剂等，这些物质使用时产生的氯氟烷烃，在紫外线的作用下又会产生氯离子（Cl^-），其会对臭氧产生破坏作用。

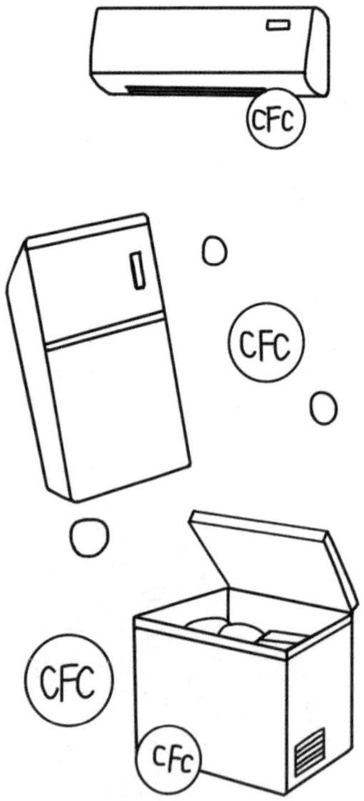

强烈的紫外线照射下
氟氯烃化合物(CFC)会分解
出Cl·自由基和Br·自由基

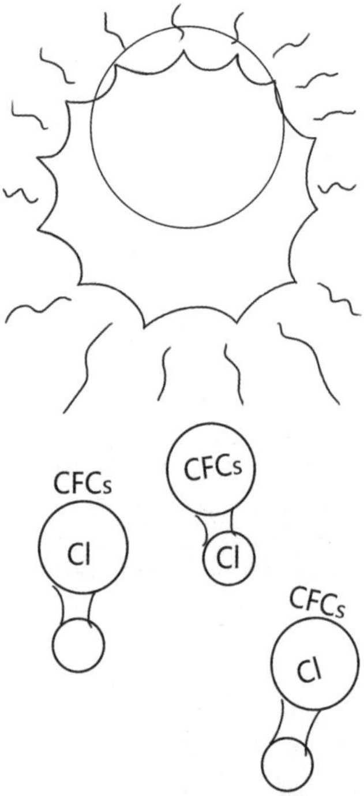

每一个 Cl·自由基 可以摧毁
100 000个臭氧分子

CFC
麻々！
O_3
O_3
不要吃我
导致臭氧层变薄或出现空洞
UV
UV
UV
UV
Cl
Cl
UV
O_3
O_3
墙被氟利昂冲破了，大家快跑啊
UV
UV
地球
WHAT！？

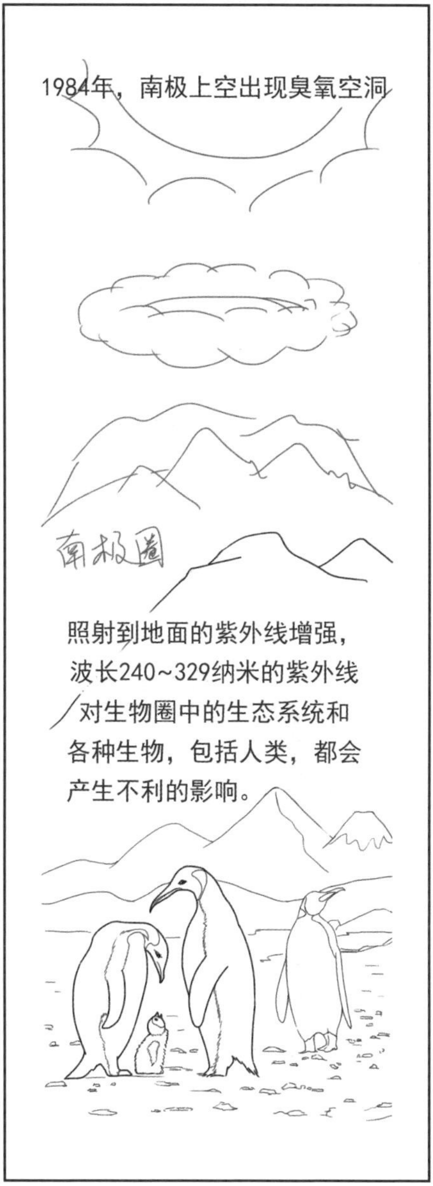
1984年，南极上空出现臭氧空洞
南极圈
照射到地面的紫外线增强，
波长240~329纳米的紫外线
对生物圈中的生态系统和
各种生物，包括人类，都会
产生不利的影响。

太阳紫外线(UV)对人类和地球的损害加剧，也会伤害人的皮肤更甚还会引发一些免疫类疾病

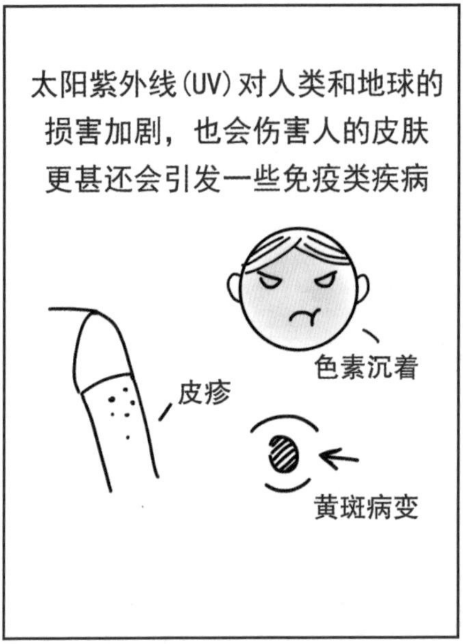

紫外线一年四季都会存在强弱不等，所以下次出门要记得防晒哦。

小贴士

2007年7月1日起，我国已全面禁止氟利昂等臭氧层消耗物质（ODS）的消费，提前两年半履行《蒙特利尔议定书》。

—— End ——

如果“霾”会说话

3 亦正亦邪的臭氧

嘻嘻~这期由我小尘尘友情出演来为大家揭秘臭氧的故事！
老大！这雨后的大晴天，我们好像没有办法施展了！心情一点也不美丽~
你看到的只是表面啦~ 其实这才是我们要真正发威的时候！因为有一种污染物的存在，让你看到的蓝天可能是“假的”！
蓝天还带掺假的啊？
老大！这是怎么回事呢？
现在天下是我的了！
O3
PM2.5
友谊的小船说翻就翻...
杂
每逢夏日，臭氧污染便会“逼宫”PM2.5，取而代之成为空气污染的重要源头！

臭氧是地球大气中一种微量气体。在常温下，它是一种有特殊臭味的淡蓝色气体。
UV
我们来组成城墙
O_3
地球
平流层的臭氧，是地球的“保护伞”能有效降低到达地面的紫外线，保护人体健康。
O_3
而近地面臭氧则是一种污染物，是《环境空气质量标准》规定的6 项基本污染物之一，近年来备受环保部门关注。浓度到达一定程度，就变成了“健康杀手”。
O_3

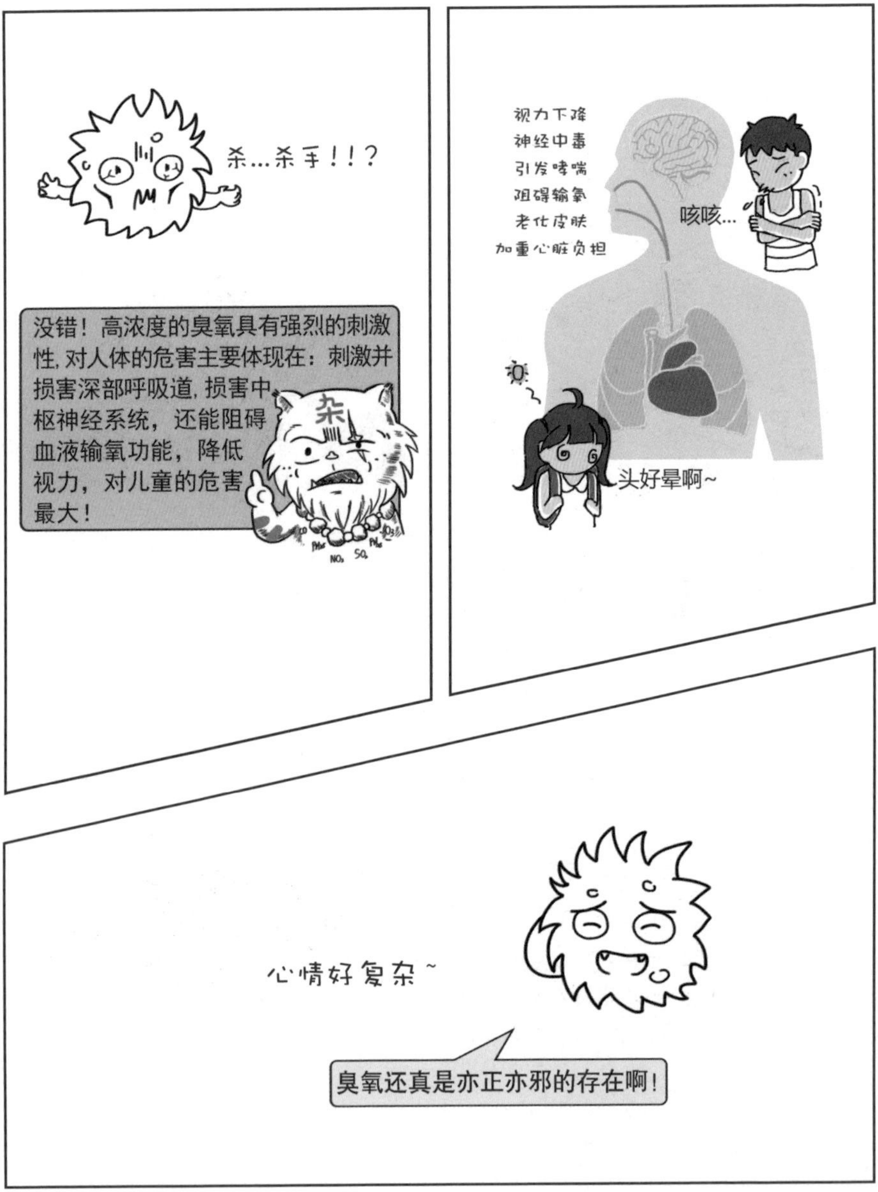
杀…杀手！！？
没错！高浓度的臭氧具有强烈的刺激性，对人体的危害主要体现在：刺激并损害深部呼吸道，损害中枢神经系统，还能阻碍血液输氧功能，降低视力，对儿童的危害最大！
杂
视力下降
神经中毒
引发哮喘
阻碍输氧
老化皮肤
加重心脏负担
咳咳…
头好晕啊~
心情好复杂~
臭氧还真是亦正亦邪的存在啊！

人类对臭氧的评价是
“在天是佛，在地是魔！”
O_3
平流臭氧
O_3
近地臭氧
那这么多近地面的臭氧都是从哪里来的呢？

作为二次污染物，近地面臭氧形成的原因很明确，它是氮氧化物(NO_x)与挥发性有机物(VOCs)在高温和强光条件下，发生光化学反应形成的。
NO_x
NOx主要来源于汽车尾气、非道路移动机械及企业排放等。

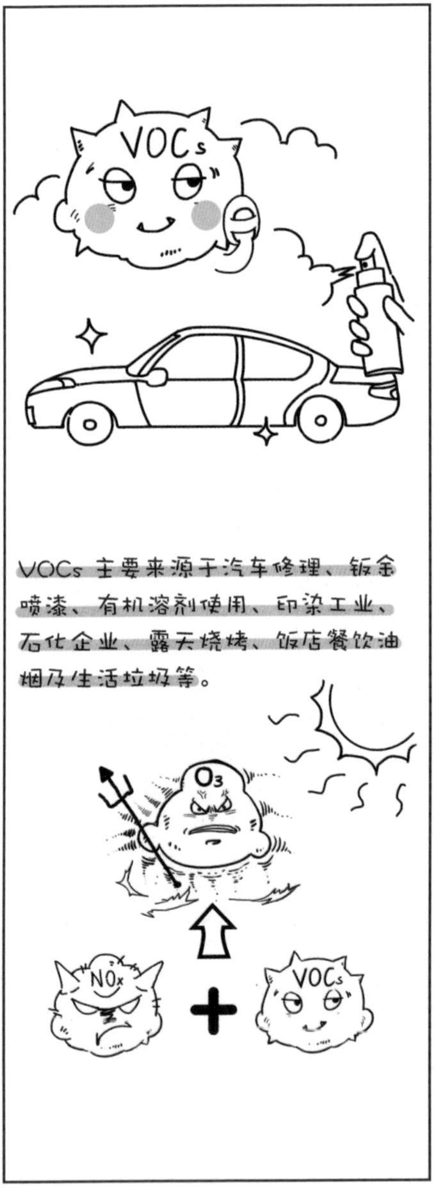
VOCs
VOCs主要来源于汽车修理、钣金喷漆、有机溶剂使用、印染工业、石化企业、露天烧烤、饭店餐饮油烟及生活垃圾等。
O3
NOx
VOCs

夏季的气温和日照条件为臭氧污染物形成提供了绝佳的环境。
那么..臭氧污染有什么明显特征吗?
臭氧污染具有明显的时间性和季节性分布特征。
杂
臭氧污染的出现，一般从每年的4月开始，一直持续到10月，其中6-8月浓度最高，集中在夏季。
这期间对臭氧的形成可谓是“天时、地利、人和”：日照强、云量少、风力弱。

这就是看似风和日丽的时候
人们游玩时却会出现
喉咙、眼鼻不适的原因。

臭氧浓度在清晨是非常低的

上午 8 点之后，形成臭氧的废气
越来越多、臭氧浓度也逐渐升高。

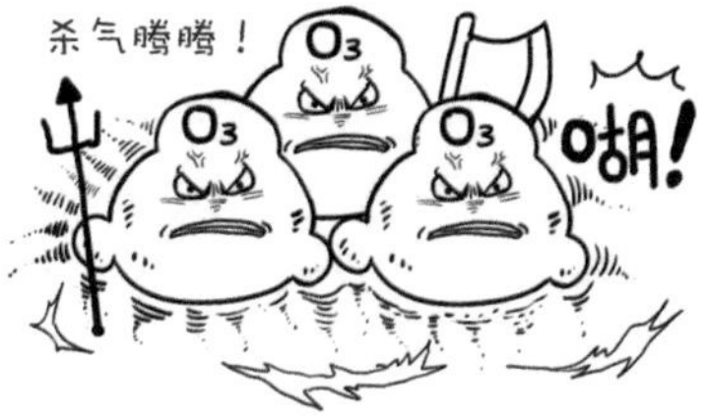

臭氧浓度于 14 点到 16 点达到峰值。

之后再缓慢降低，到 20 点后，
臭氧浓度又恢复了较低状态。

从个人防护层面来说，臭氧污染比较容易防范，它的高值出现在夏季晴朗、高温天气下的室外光照环境，只要这个时候不在室外长时间剧烈运动，就可以大幅降低臭氧危害。

从治理角度来说，臭氧污染防治最核心的部分还是严格控制NO_x和VOCs，比如：

严格落实 VOCs 排放企业深度治理和错峰生产

严格落实加油站错峰加油

严格控制各类高排放和冒烟车辆入城，严格控制各类工地使用不达标渣土运输车辆和非道路移动机械

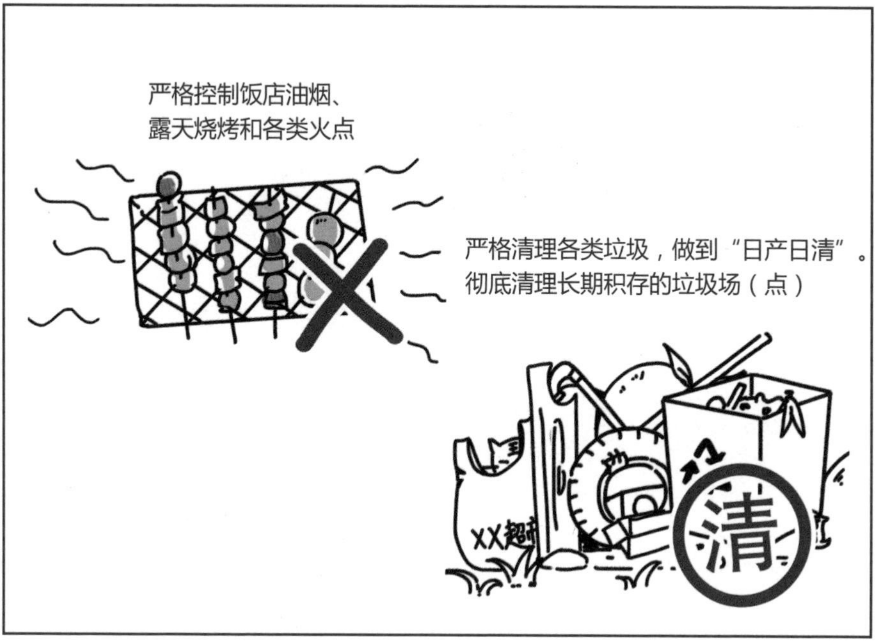
严格控制饭店油烟、
露天烧烤和各类火点
严格清理各类垃圾，做到“日产日清”。
彻底清理长期积存的垃圾场（点）
清

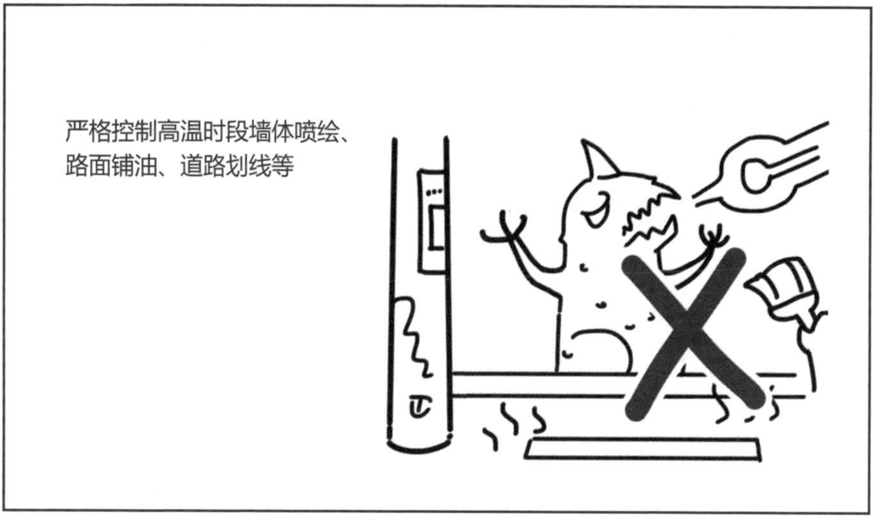
严格控制高温时段墙体喷绘、
路面铺油、道路划线等

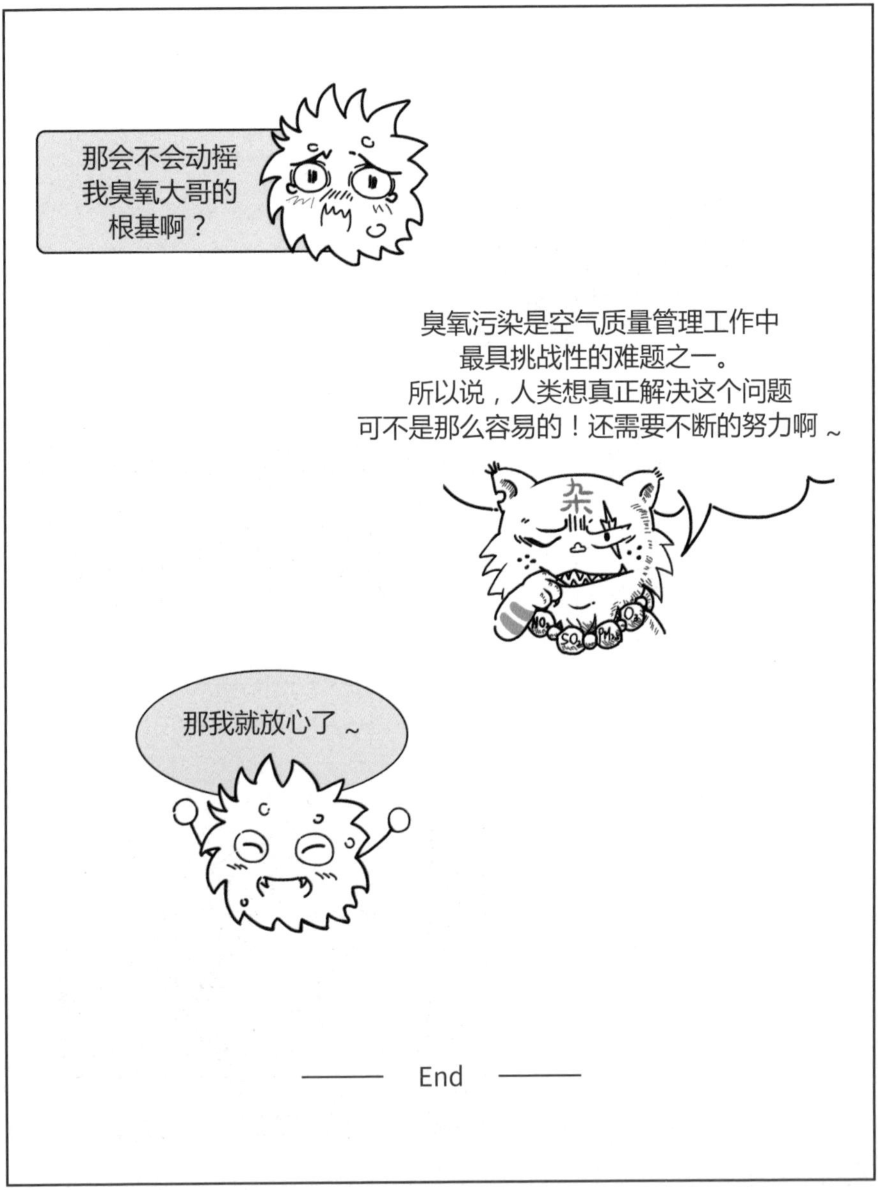
那会不会动摇我臭氧大哥的根基啊？
臭氧污染是空气质量管理工作中最具挑战性的难题之一。所以说，人类想真正解决这个问题可不是那么容易的！还需要不断的努力啊～
杂
那我就放心了～
End

如果“霾”会说话

4　如何分辨雾和霾

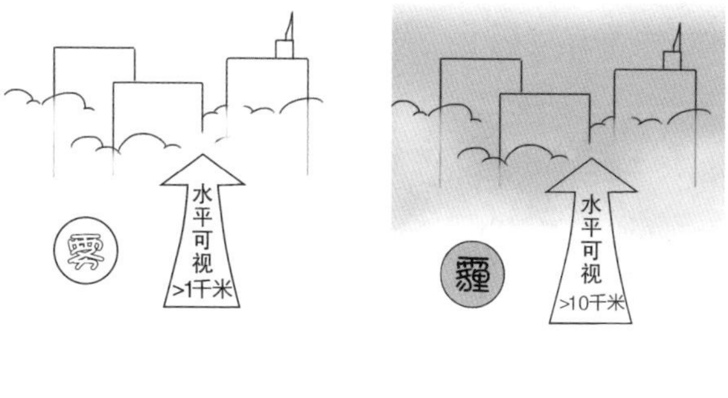

老大！
今天的雾...好大啊...
外面什么都看不清……
仿佛在仙境~
是雾霾
哎!!?
……
老大...
我怎么才能分辨出雾和霾、还有雾霾呢？
雾霾就是雾和霾的混合体啊
小灰，
不是我说你，
都跟我这么久了，
居然还问这种初级的问题。

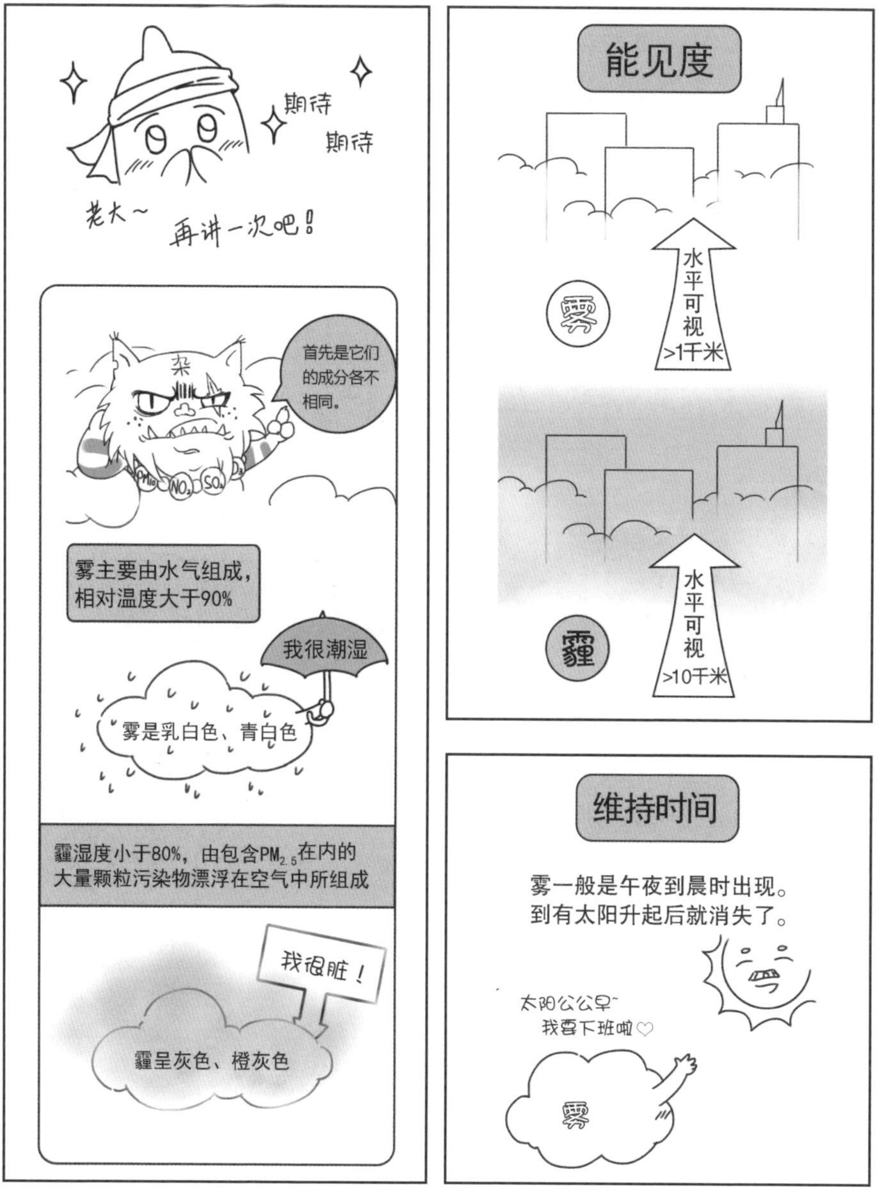
期待
期待
老大～
再讲一次吧！
首先是它们的成分各不相同。
雾主要由水气组成，相对温度大于90%
我很潮湿
雾是乳白色、青白色
霾湿度小于80%，由包含$PM_{2.5}$在内的大量颗粒污染物漂浮在空气中所组成
我很脏！
霾呈灰色、橙灰色
能见度
雾
水平可视>1千米
霾
水平可视>10千米
维持时间
雾一般是午夜到晨时出现。
到有太阳升起后就消失了。
太阳公公早~
我要下班啦♡
雾

而霾会持续全天甚至数天。

哼哼哼！！太阳算老几
看我怕过谁?

边界区分

雾的边界很清晰，
离开“雾区”可能就是晴空。

而霾与晴空之间没有明显边界。

老大，
你在看什么?
你能找到小尘尘嘛?

老大～要是雾气是白色的并且持续了一天以上，呼吸又不太舒服，还有些干，这种情况呢？
你要是觉得两者都有又有些不同的话那就是人们常说的雾+霾=雾霾咯。
杂

—— End ——

如果“霾”会说话

5 揭秘 $PM_{2.5}$ 入侵人体之路

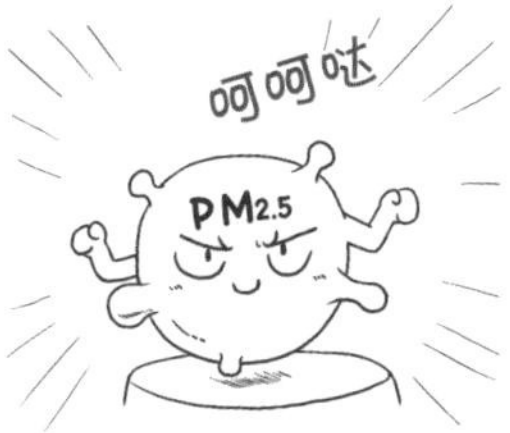

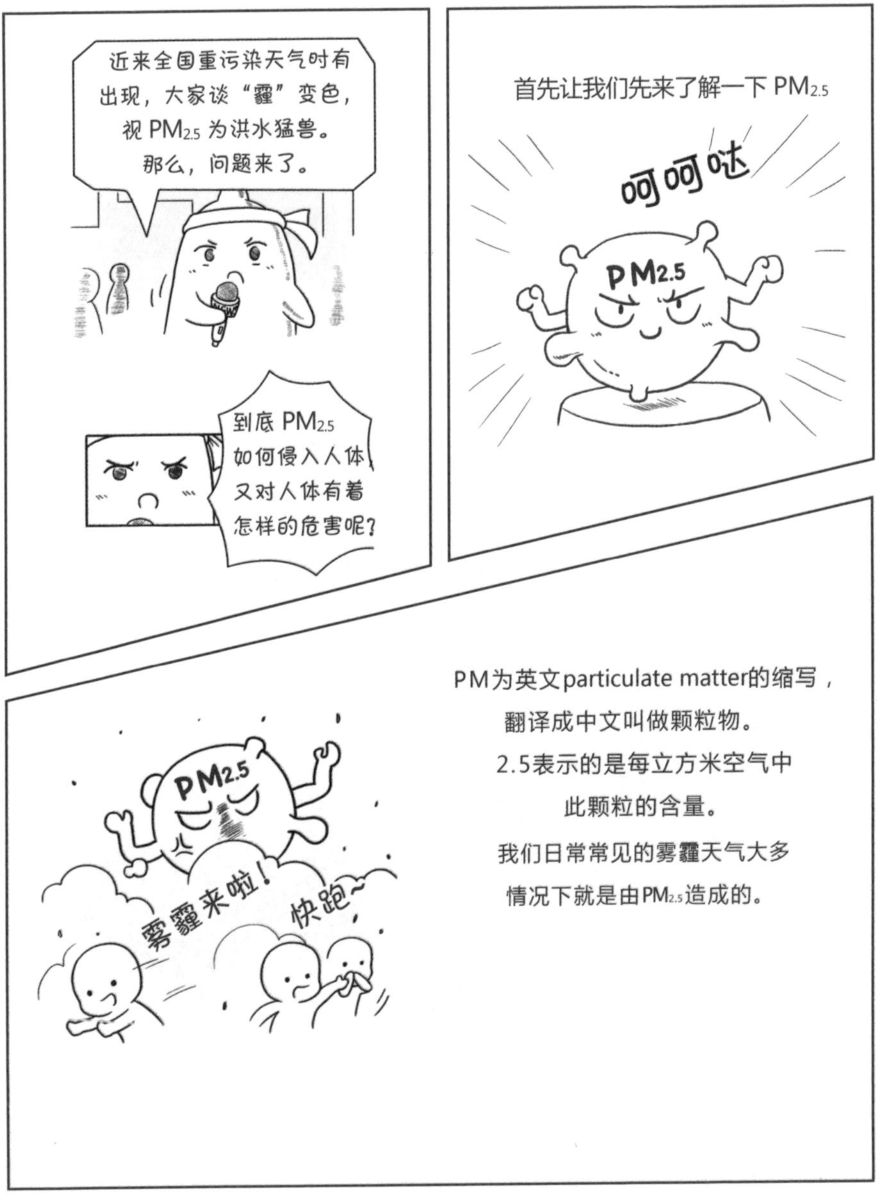
近来全国重污染天气时有出现，大家谈“霾”变色，视PM2.5为洪水猛兽。那么，问题来了。
到底PM2.5如何侵入人体又对人体有着怎样的危害呢？
首先让我们先来了解一下PM2.5
呵呵哒
PM2.5
PM为英文particulate matter的缩写，翻译成中文叫做颗粒物。2.5表示的是每立方米空气中此颗粒的含量。我们日常常见的雾霾天气大多情况下就是由PM2.5造成的。
PM2.5
雾霾来啦！
快跑~

今天让我们随着 PM2.5 污染物的脚步，
一同进入人体，完整展现 PM2.5
侵入人体全过程。
就是他了！一起来吧！
PM2.5
入侵人体之行马上开始！
PM2.5
铅
多环芳烃

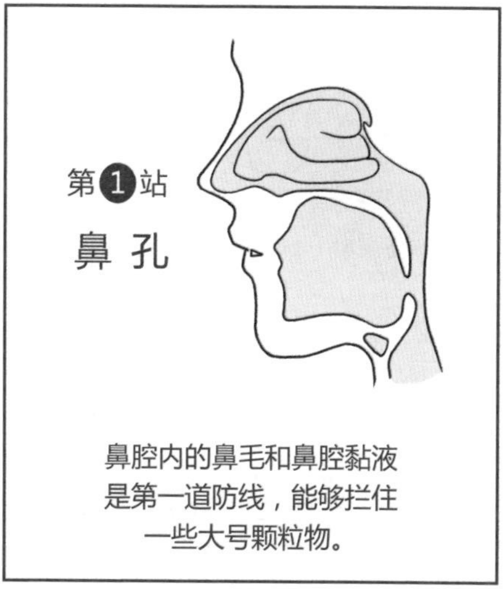
第1站
鼻孔
鼻腔内的鼻毛和鼻腔黏液
是第一道防线，能够拦住
一些大号颗粒物。

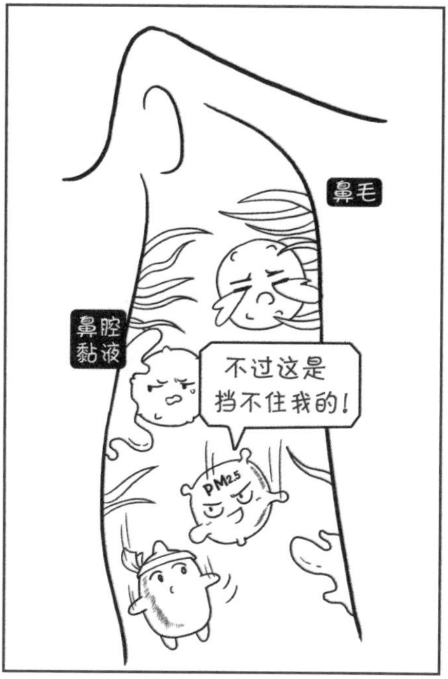
鼻毛
鼻腔黏液
不过这是挡不住我的！
PM2.5

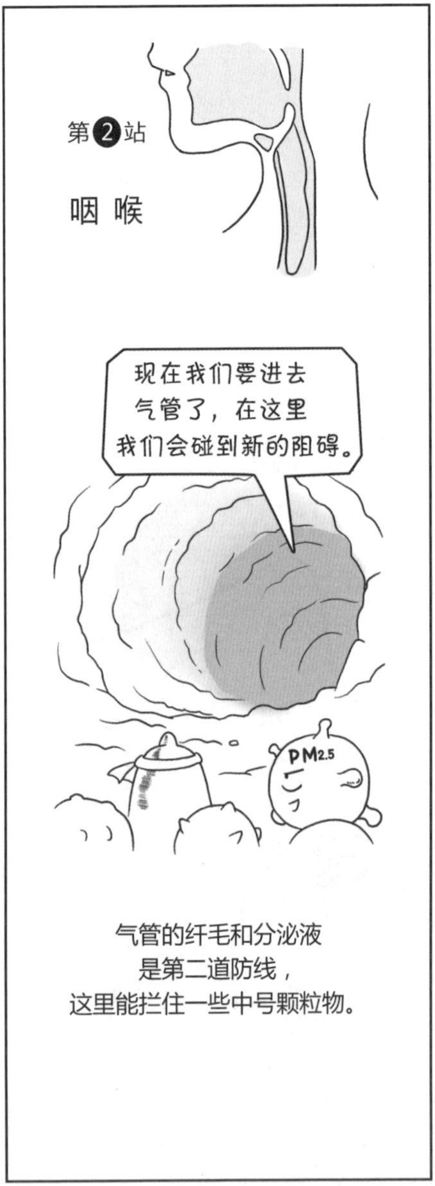
第2站
咽喉
现在我们要进去气管了，在这里我们会碰到新的阻碍。
PM2.5
气管的纤毛和分泌液
是第二道防线，
这里能拦住一些中号颗粒物。

气管的平滑肌会收缩来
试图阻止 PM2.5，
人们便会咳嗽。
咳
咳
第3站
下呼吸道

继续往下走，进去下呼吸道
这里有着密集的支气管。
在这里，PM2.5 和一众污染物同
淋巴细胞白细胞进行混战。

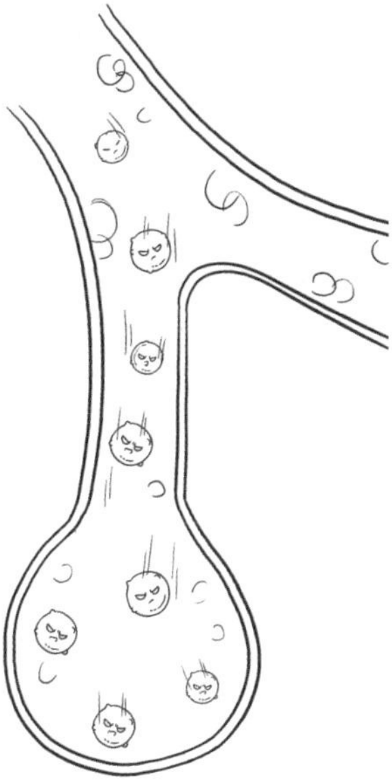

最终大部队到达“树杈”
尽头的肺泡。在这里
污染物们会碰到最强劲的敌人——
巨噬细胞！

虽然巨噬细胞能吞噬
一些小号颗粒物，
但还是有不少漏网的。
PM2.5
这些漏网的污染物会进入
人体各重要器官，
对身体造成损伤。
心脏
血管
肺部
随后便开始祸害身体
对人体造成各种损伤。
呵呵
PM2.5
老大，重污染天气
我怎么总感觉
不舒服呢？
杂
唔
这便是PM2.5入侵
人体的全过程，而
这一切时刻都在上演！
PM2.5
污染物究竟伤害了我们的
哪些器官呢？

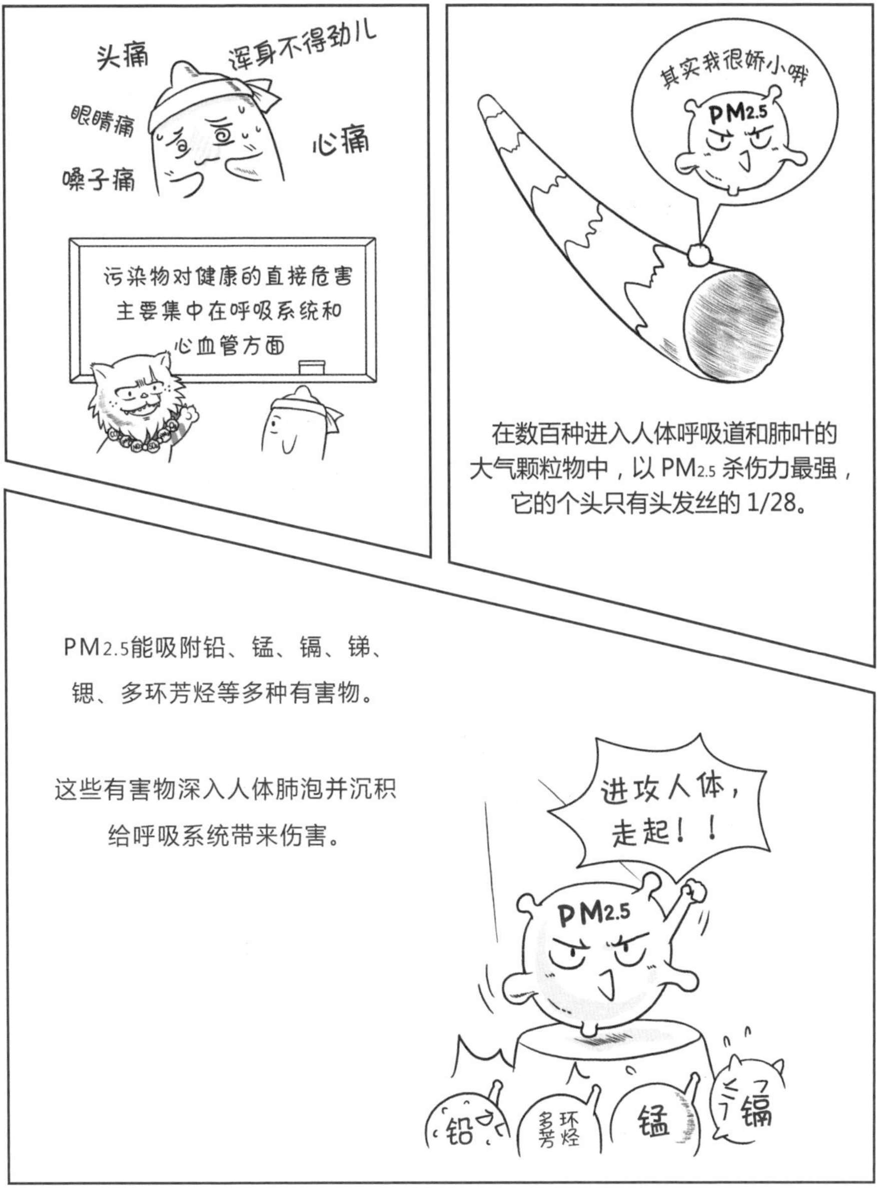
头痛
浑身不得劲儿
眼睛痛
心痛
嗓子痛
污染物对健康的直接危害
主要集中在呼吸系统和
心血管方面
其实我很娇小哦
PM2.5
在数百种进入人体呼吸道和肺叶的
大气颗粒物中，以 PM2.5 杀伤力最强，
它的个头只有头发丝的 1/28。
PM2.5能吸附铅、锰、镉、锑、
锶、多环芳烃等多种有害物。
这些有害物深入人体肺泡并沉积
给呼吸系统带来伤害。
进攻人体，
走起！！
PM2.5
铅
多环
芳烃
锰
镉

它们进入人体呼吸系统造成感染，慢性支气管炎、肺气肿、哮喘、支气管炎等常见呼吸道疾病也容易急性发作。

重污染天气空气中污染物多，气压低，容易诱发心血管疾病的急性发作。$PM_{2.5}$颗粒能够进入人的血液循环系统，在血管壁堆积，造成血管变窄，血压升高。

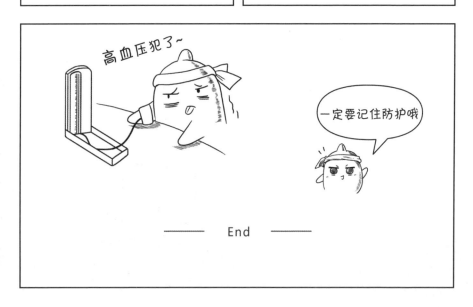

—— End ——

如果“霾”会说话

6 重污染天气如何防护

哇，外面空气好差啊
是啊
唉，待会可怎么出门啊！

老大，没关系的。我有很多口罩呢

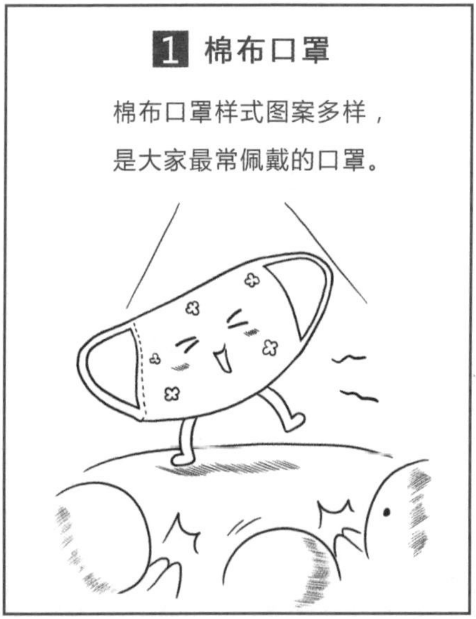
1 棉布口罩
棉布口罩样式图案多样，
是大家最常佩戴的口罩。

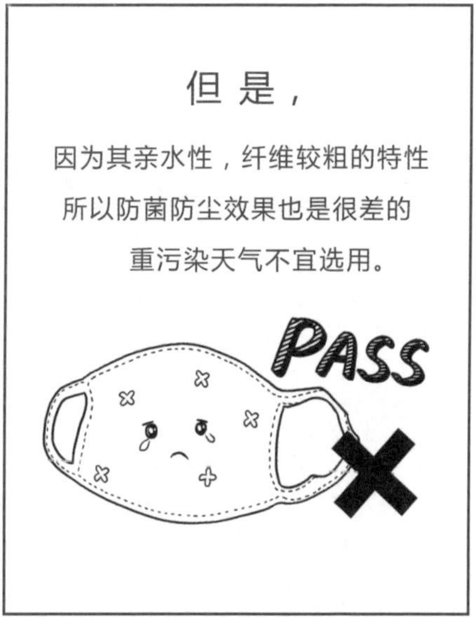
但是，
因为其亲水性，纤维较粗的特性
所以防菌防尘效果也是很差的
重污染天气不宜选用。
PASS

2 医用口罩

那这种医用外科
口罩呢？

医用口罩主要为保护医生
免受飞沫和喷溅。
安全系数较高，
对于病毒的防护性很强，
可以佩戴着预防流感。

请交给我
来守护吧！

但这种口罩面部贴合性较差，
侧面严重漏风。
防尘和防颗粒物效果比较低，
重污染天气不宜佩戴。

四面漏风，
怎么挡得住我们！
啊～

3 防雾霾口罩

所以选择口罩时既要保证
$PM_{2.5}$的过滤率，还要保证
脸部的贴合度和较强的透气性。
目前国家标准认证的
N95口罩最为普遍。

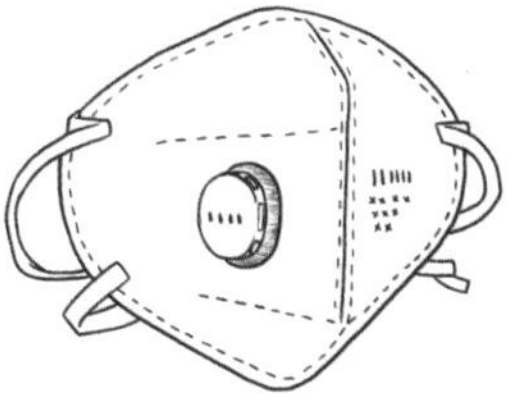

该口罩对氯化钠颗粒的阻隔率达95%以上。
所以重污染天气还是尽量少出门吧。
唉，老大，选对了口罩，戴上还是好憋闷。
杂
老大！
老大！
重污染天气里我们的小伙伴全体出击！人类在室外是不是就无处躲藏了呀？
杂
是啊~咱们的小兄弟无孔不入，使人类困扰不已。

能够过滤一些大颗粒灰尘
适合老人孩子及有呼吸系统、
心血管疾病的人。

空气中的病菌和有害颗粒物
黏在皮肤上，容易引发过敏。
外出时携带湿巾可随时清洁肌肤

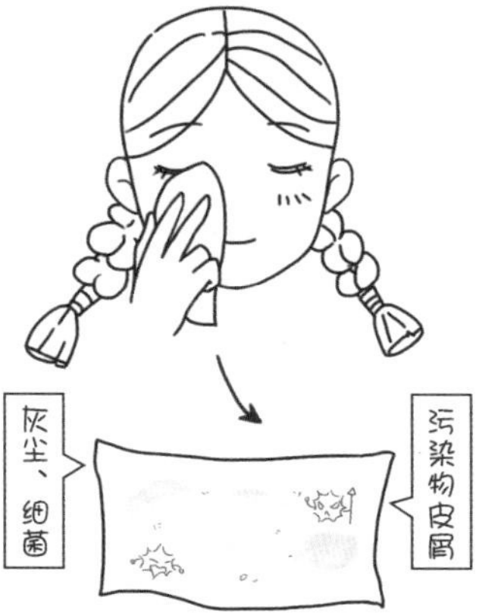

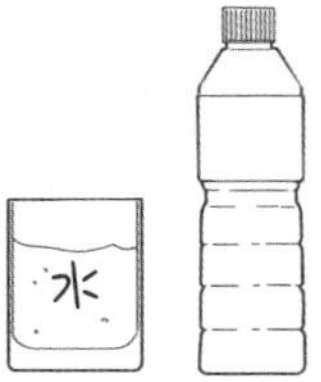

多喝水。保持呼吸道湿润度，
减轻污染物对呼吸系统的吸附。

用鼻子呼吸，减少菌从口入。
研究发现，大于 10 微米以上
的颗粒物，鼻毛可以阻挡 95%

外出后回家立刻
洗脸漱口、清理鼻腔
还有一点必须注意喔！重污染天气出行最好不要佩戴隐形眼镜。污染物可能刺激到眼部。
O_3

重污染天气气压低，
会使角膜缺氧干涩
VOCs
空气中的微小污染物
也会刺激眼睛，
从而导致眼部过敏感染。
PM2.5
End

如果“霾”会说话

7 重污染天气能否开窗通风

又是一个
重污染天气
我把门窗都紧闭了，
坚决不出门不见风。
额，环境这么密封
不太好吧...
因为即使是重污染天气，
也要...
开窗通风！！
杂
CO
NO2
SO2
呼
可是，一开窗户污染物
不是都跑进来了吗？！
你以为
关好门窗
就安全了？
放我们进去~
铅
锰
PM2.5

No!

室内污染物有很多，
厨房油烟、卫生间细菌、
人呼吸排出的废气等。

细菌
厨房油烟

密闭空间很容易让这些污染物
累积，对健康不利。

当然了，重污染天气开窗户
也有一些注意事项要记住。
杂

每天8:00到10:00，
18:00到20:00，
是上下班的高峰期，
汽车尾气排放量大，
污染物浓度都比较高。

所以建议在每天13:00到16:00
开窗，每次一小时即可。

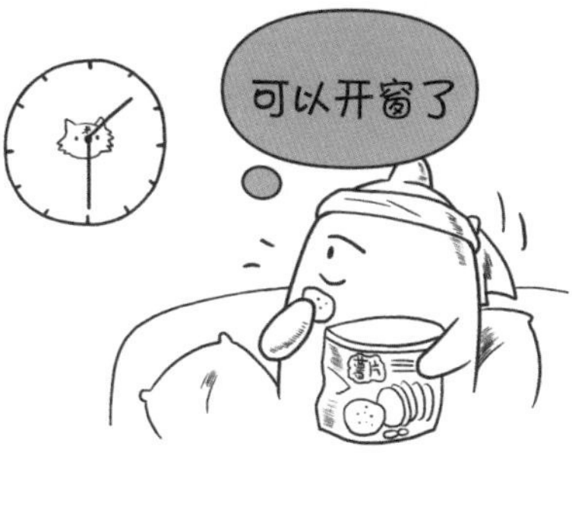
可以开窗了

在开窗时间有限的情况下，
通风换气时可在纱窗附近挂上湿毛巾
这样能够起到过滤、吸附作用。

虽然下午污染较轻，
但是也不要剧烈运动，
否则会导致肺活量增加，
吸入更多污染物。

End

如果“霾”会说话

8 洒水车的环保功效

碰！
哇，你这是怎么啦
小灰
霾头
哼
刚才我正兴冲冲走在路上

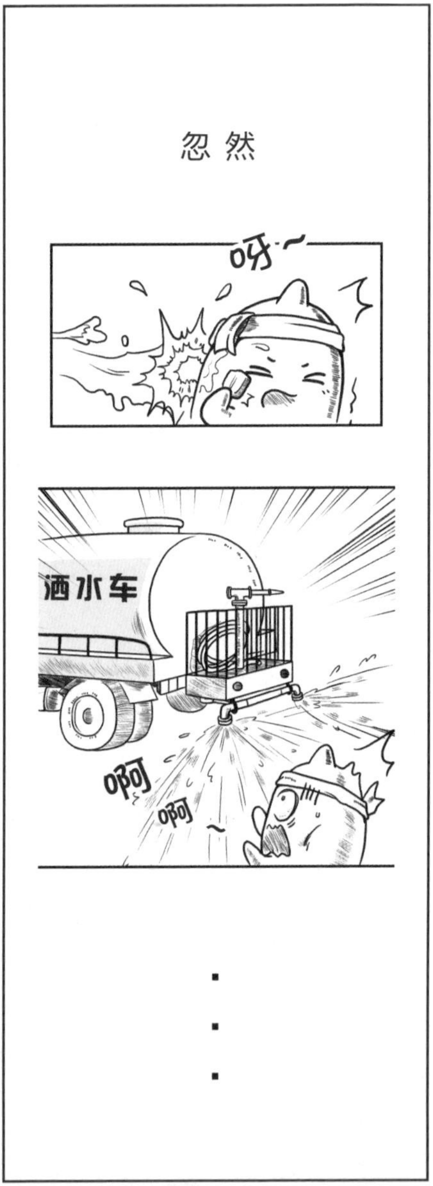
忽然
呀~
洒水车
啊
啊~
·
·
·

哈哈哈哈
为什么大街上总是要洒水呢？路面又湿又滑还会被喷到！
杂
恩，其实洒水车是有很多作用的。
天气炎热，洒水车能通过洒水起到降低温度的作用。
洒水车的水炮可调成多种模式，用于园林绿化作业。
可以冲刷树上灰尘使地面的粉尘不易扬起，起到除尘作用。

原来有这么多作用呢
不过，怎么下雨天也能
常看见洒水车作业呢？
杂
雨天洒水车上路作业，
可不是洒水哦！
雨天洒水是为了“借雨冲刷”
是用高压进行冲刷路面上的
顽固泥渍污渍。
晴天时，泥渍、砂浆经过
车辆碾压硬结，
环卫工人难以清扫干净。
污
哐
（打个比方说顽固泥渍
就相当于个公路钉子户）
坚决不走
而雨后经过浸泡后会变得松软，
附着力下降。
坚决不走

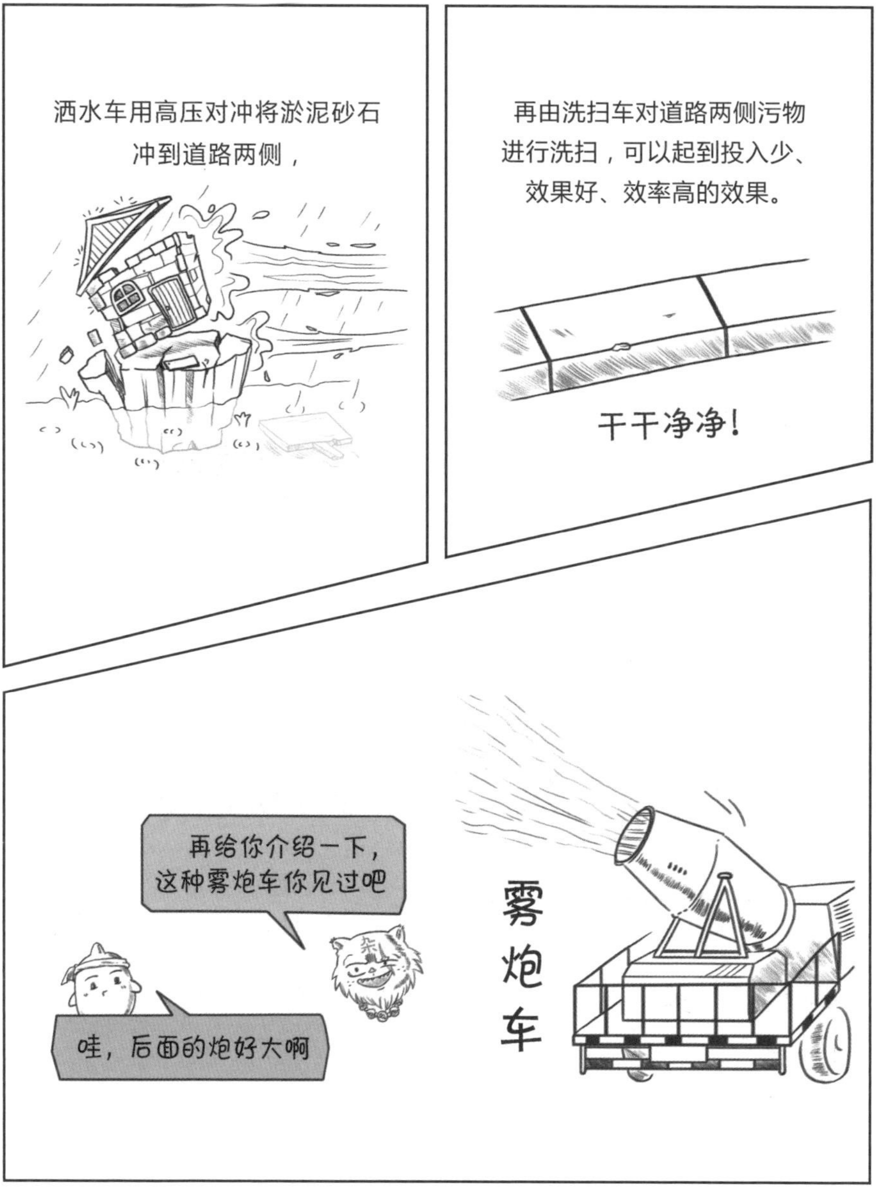
洒水车用高压对冲将淤泥砂石冲到道路两侧，
再由洗扫车对道路两侧污物进行洗扫，可以起到投入少、效果好、效率高的效果。
干干净净！
再给你介绍一下，这种雾炮车你见过吧
雾炮车
哇，后面的炮好大啊

雾炮车也经常在公路上作业，
可以使空气中的
粉尘降到地面，
将漂浮在空气中的污染颗粒物
迅速逼降地面，
达到清洁净化空气的效果。

那么，问题来了，
雾炮车降尘的原理是什么呢？

比如说，
这个小区上空尘土飞扬。

雾炮车通过高压将溶液雾化成
和粉尘大小差不多的颗粒
在风机作用下，
将水雾抛射到尘源处及周围。

尘埃颗粒与水雾颗粒
产生接触而变得湿润。

被湿润的粉尘颗粒继续吸附
其他粉尘颗粒而逐渐
凝结成颗粒团。

而在自身的重力下，
颗粒团快速地降到了地面，
达到除尘的目的。

这就是雾炮车降尘的
基本原理了。

温馨提示：

洒水车作业时间段

已经尽量错开上班高峰期，

并在有行人的路段减速慢行。

环保是大家的事，

关系着每一个人的健康，

多一份理解，

城市就多一份美丽！

End

如果“霾”会说话

9 容易被忽视的室内空气污染

哇，夏天这么热哪都不想去，就想在家吹空调！
小灰
霾头
总在家呆着也不是什么好事哟！没听过室内空气污染么？
不是吧！
在屋子里呆着也会有污染啊？
对啊

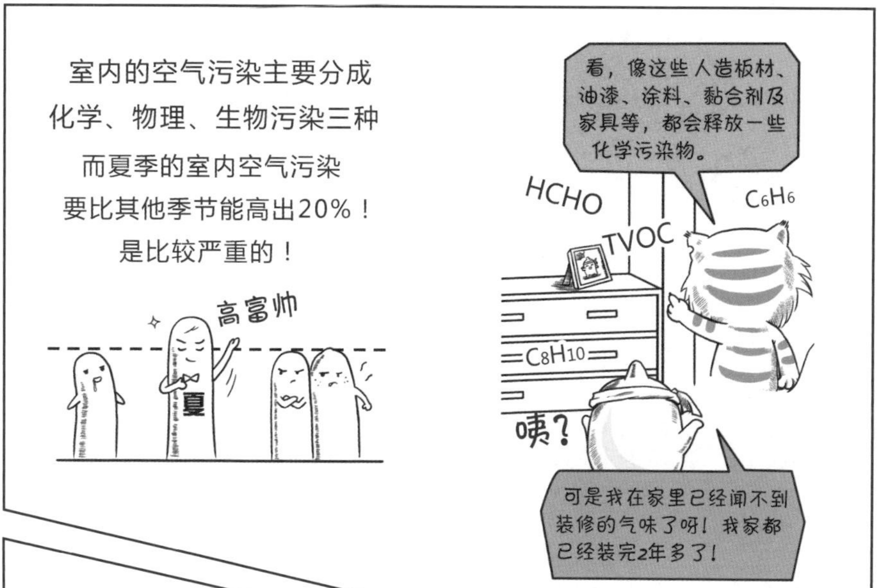
室内的空气污染主要分成
化学、物理、生物污染三种
而夏季的室内空气污染
要比其他季节能高出20%！
是比较严重的！
高富帅
夏
看，像这些人造板材、
油漆、涂料、黏合剂及
家具等，都会释放一些
化学污染物。
HCHO
TVOC
C6H6
C8H10
咦？
可是我在家里已经闻不到
装修的气味了呀！我家都
已经装完2年多了！

我一直都在呦

TVOC 是总挥发性有机物，包括甲醛、苯等，一般空气净化器也很难去除。而甲醛的释放周期长达 3-15 年可不是一年两年就会消失的。如果长时间关窗户，它就更会在屋子里游荡了！

物理污染则主要来源于建筑物本身、花岗岩石材及家用电器，主要污染物是放射性物质和电磁辐射。

很多球迷开着空调，
熬夜看世界杯。

结果时间长了就有不少人
感觉到头晕恶心，严重者
甚至住院，这都可能与室内空气
污染有着关联！

啊~

那生物污染呢？
是什么？

嗯？
这就是
生物污染！

生物污染就是指夏季人体
自身的新陈代谢及各种生活
废弃物的污染。

比如你长时间在不开窗的房间里那么CO_2的浓度和其他废气的浓度就会比较高，达到一定程度就会威胁到身体健康了！

憋气中…

呜呜，老大，那该怎么办啊？
哈哈，其实也很简单的。

首先，室内夏季的空调温度不能太低，一般在26~27℃较合适早晨、晚上要勤打开窗户，让自然风在室内流动。

其次，新装修的房子，最主要的是保持开窗通风。即便选择了比较合格的环保材料，也要定期进行甲醛检测，确保室内空气化学污染物的含量正常！

还有就是要注意室内的卫生！勤擦地、擦家具，餐饮油烟要排净，厕所不使用的时候关好门。
呀~
WC

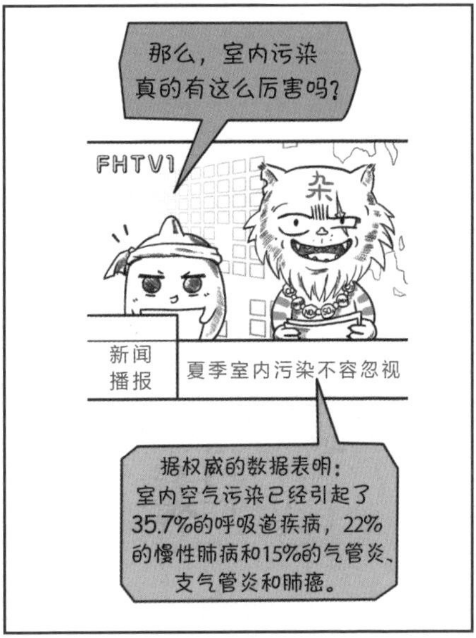
那么，室内污染真的有这么厉害吗？
FHTV1
杂
新闻播报
夏季室内污染不容忽视
据权威的数据表明：室内空气污染已经引起了35.7%的呼吸道疾病，22%的慢性肺病和15%的气管炎、支气管炎和肺癌。

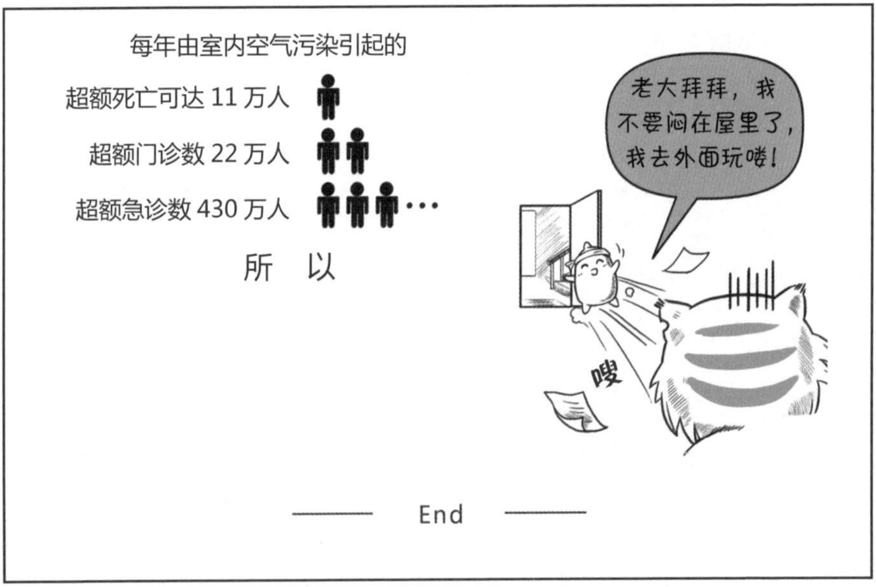
每年由室内空气污染引起的
超额死亡可达 11 万人
超额门诊数 22 万人
超额急诊数 430 万人 …
所 以
老大拜拜，我不要闷在屋里了，我去外面玩喽！
嗖
—— End ——

如果“霾”会说话

10 植物和活性炭能对付室内空气污染吗？

蹬蹬蹬~
蹬蹬蹬~
碰！
咔！
额，小灰，你在干什么啊？
哈哈，请看！
哇

大多数人在室内摆放植物，是认为"植物能够制造氧气"，事实上，植物只有在光线照射时才能通过阳光的能量来光解水，从而产生氧气。

光合作用化学式

$$6CO_2+6H_2O \xrightarrow{\text{光照、酶、叶绿体}} C_6H_{12}O_6(CH_2O)+6O_2$$

只有当光合作用产生的氧气量大于呼吸作用需要的氧气时，植物才能"释放"氧气。

呼吸作用化学式

$$C_6H_{12}O_6+6H_2O+6O_2 \xrightarrow{\text{酶}} 6CO_2+12H_2O+\text{大量能量}$$

植物的生命活动需要消耗能量，这些能量来自有机物的氧化物分解这个过程叫做植物的呼吸作用。

在光强过低的室内以及没有光照的夜晚，植物是和人一样净消耗氧气的。

因此如果室内尤其是卧室内的植物数量过多，会造成植物和人“争氧”的现象。

结果就是造成室内氧含量下降CO_2浓度上升，容易让人产生心悸、胸闷、头晕等缺氧状况。

这些说法都是夸大其词了
室内植物无法起到
净化空气的作用。

植物可以通过表面微小的绒毛、褶皱等结构滞留一些空气中的颗粒物，但这需要空气能够持续地流过植物。

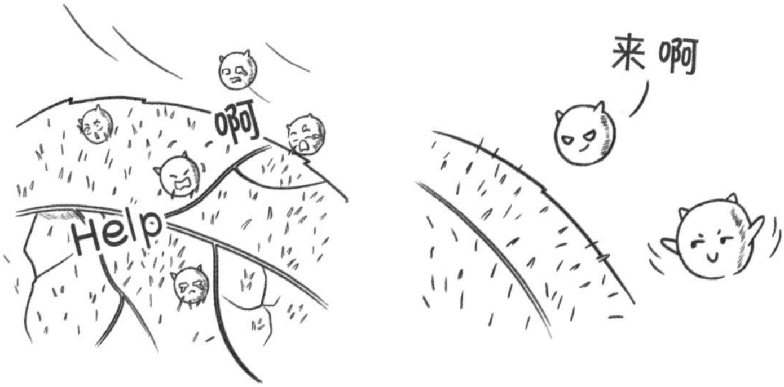

而在室内空气流速很慢时，植物是无法起到充分阻滞和吸附空气颗粒物的作用的。

而且植物会吸收有毒有害气体的能力也十分有限。例如植物每平方米叶面在每小时内吸附的甲醛只有1~5毫克。因此实在不如空气净化器，甚至开窗通风来的有效。

至于说植物能够抗辐射也是夸大其词了，电磁辐射是以直线方向朝四面八方前进的。遇到阻挡植物后会被阻隔，而放在桌上一角的植物不是"抽油烟机"，不能使射线弯曲后将其吸收。所以植物不能主动吸收"辐射"。

除非植物直接挡在人体和辐射源之间，那就需要用大量的植物将电脑包围，与人彻底隔绝。
我们来保护你！
谢…谢谢
啊~那该怎么办呢~我的花都白买了吗
额，其实只要是对光线强度要求不高、气味不过于浓烈的花花草草，在家里摆放也都无妨的。
像这种有毒植物滴水观音，还有大戟科花卉如铁海棠变叶木等最好就不要种植啦！
嗯！明白了。我这就去重新布置一下！

老大！床上那个灰灰的袋子是什么呀？
杂
你说的这个是活性炭包是用来吸附甲醛/苯等室内污染物的。
老大！
快丢掉
!?
老大！感谢我吧~
CO
$PM_{2.5}$
SO_2
NO_2

摔
啪叽!!
疼
小灰，你干嘛呢！

小灰，别害怕。
它现在对我们
产生不了威胁
小炭包是有保质期的，每使用一个月，其孔洞吸附能力下降，潮湿的水分子和污染物遍布其身的时候，都需要在太阳下晒上半天，才能继续发挥作用。
好舒服~
有的家庭不懂这些知识，买了炭包往家里一扔就是半年甚至更久。
炭包超过自身吸附力后也会释放出污染物的。

老大!人家害怕你
被那个什么碳
给分解掉嘛!
(555~T^T)

另外炭包不一定成分是木炭。各种果壳竹子和优质煤也可以作为原料。

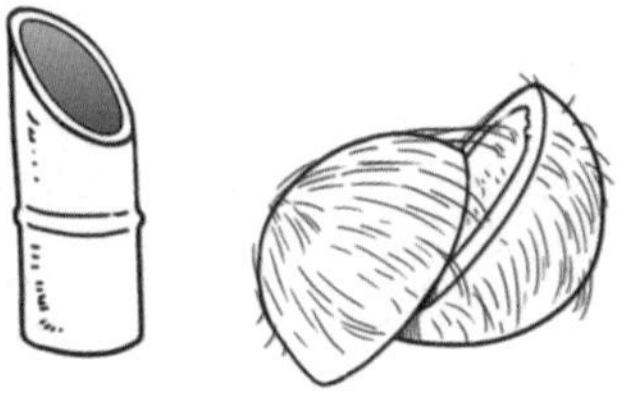

在通过对原料进行破碎、过筛、催化剂活化、漂洗、烘干和筛选等一系列工序加工制造而成。

—— End ——

如果“霾”会说话

11 重污染天气开车注意事项

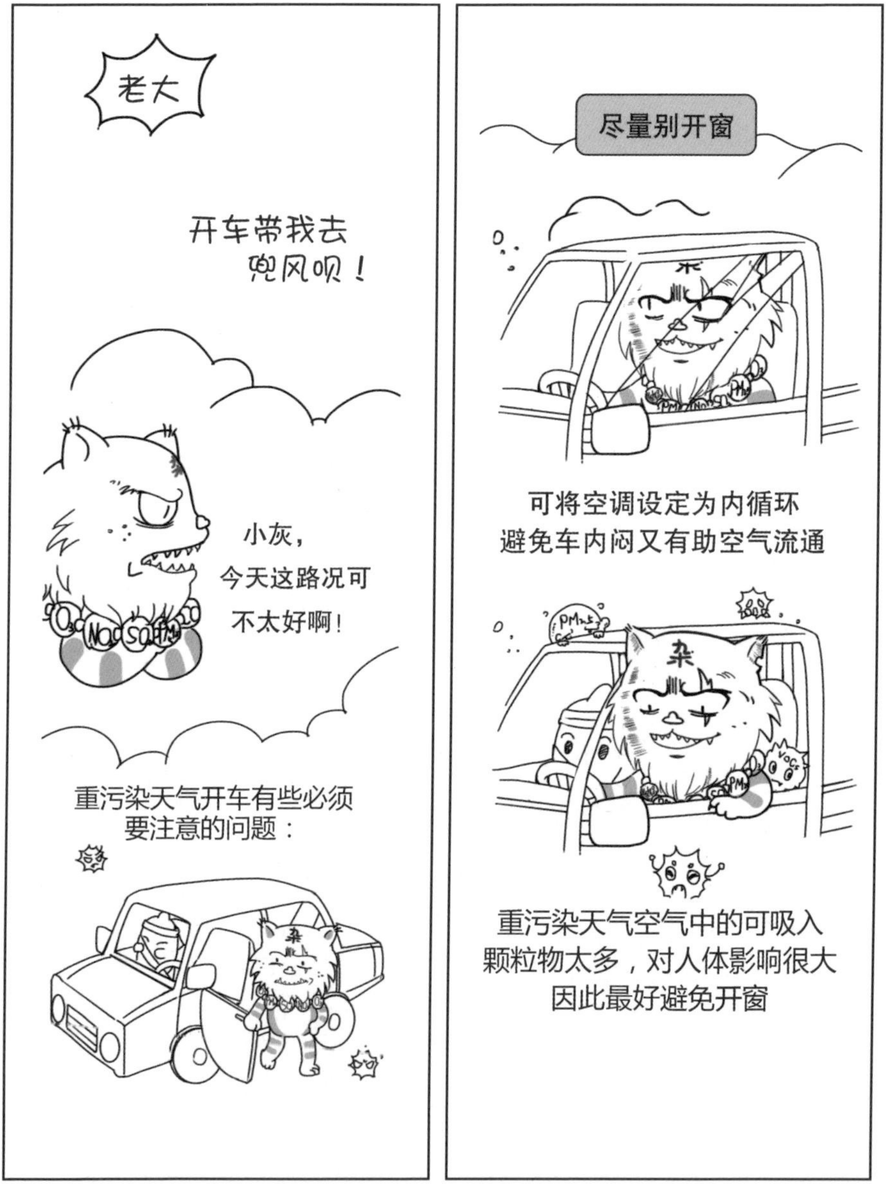
老大
开车带我去
兜风呗！
小灰，
今天这路况可
不太好啊！
重污染天气开车有些必须
要注意的问题：
尽量别开窗
可将空调设定为内循环
避免车内闷又有助空气流通
重污染天气空气中的可吸入
颗粒物太多，对人体影响很大
因此最好避免开窗

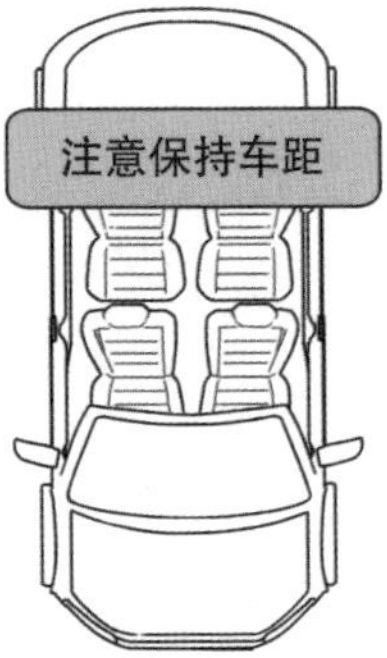

能见度低的情况下要开雾灯
切忌开远光灯

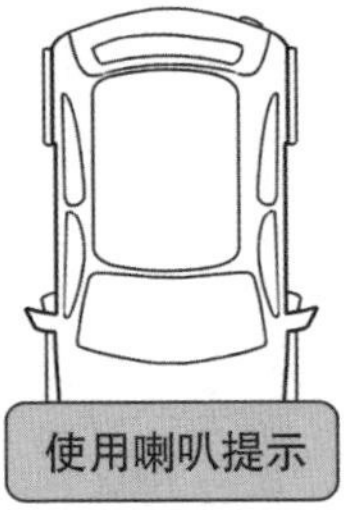

陌生环境启用GPS

遇到事故，开双闪立警告牌

先设置警示牌，把车辆的灯光全部打开尤其是双闪。

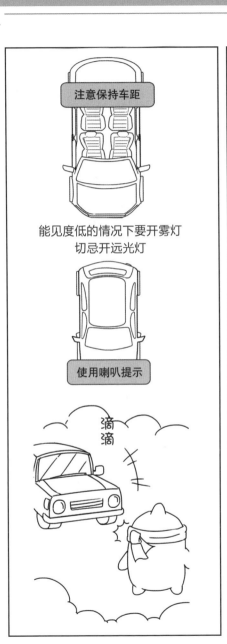

车上人员撤离到安全地点并且报警，千万不要在车内或周围停留，避免二次事故的发生！

实时关注交通广播
XX路段发生严重追尾……
FM
可是。。
老大
我想去兜风

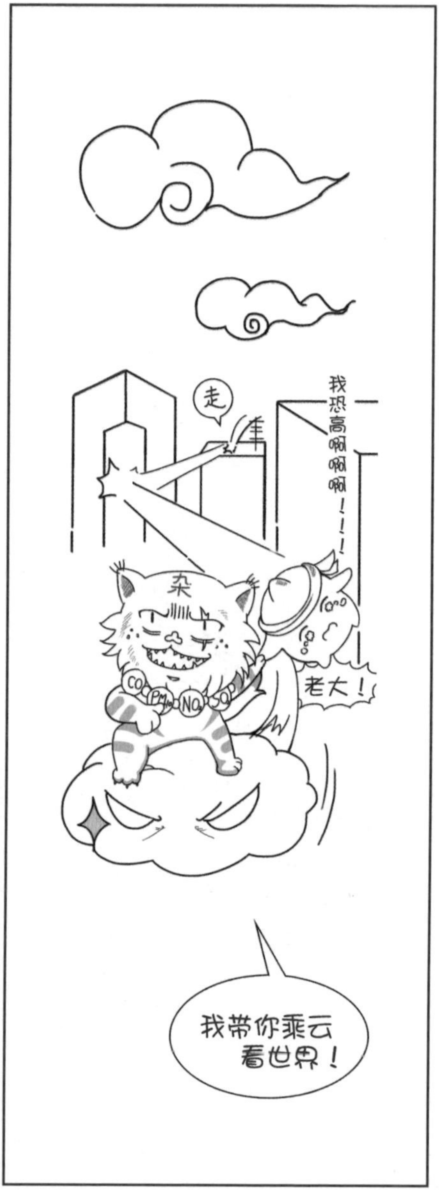
走
我恐高啊啊啊！！！
杂
CO
PM
NO
SO
老大！
我带你乘云看世界！

老大！
你在上面
看什么呐？
笑的像个孩子
我在
观察人类
what！？
啪
老大！
你不是
最讨厌
人类么？
笨蛋！正所谓……
“知己知彼方能百战不殆”
喔~
吣唧
吣唧
那老大你发
现了什么？

看！
远处的高速公路上，有几辆车追尾了
这...太惨烈了...

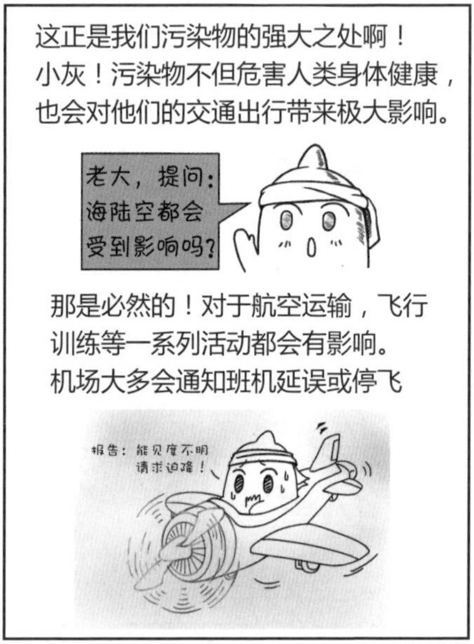
这正是我们污染物的强大之处啊！小灰！污染物不但危害人类身体健康，也会对他们的交通出行带来极大影响。
老大，提问：海陆空都会受到影响吗？
那是必然的！对于航空运输，飞行训练等一系列活动都会有影响。机场大多会通知班机延误或停飞
报告：能见度不明
请求迫降！

不过据说“战斗民族”俄罗斯的机师，能够克服一切困难在任何恶劣天气中完美降落呢
大写的专业!!
哇！这么厉害啊！

至于海路，大雾天出航都可能出现搁浅、触礁、撞船、迷航等事故，就更别说重污染天气了，遇到此类天气一定要找安全位置锚泊

End

如果“霾”会说话

12　可怕的烟花爆竹

好久都没有吃早饭了呢！真开心！
杂
煎饼
放爆竹？有人结婚吗？
噼里啪啦
噼里啪啦
杂
嘭！！！
太过分了！我去找他们！
算啦算啦老大！他们也不是故意的。

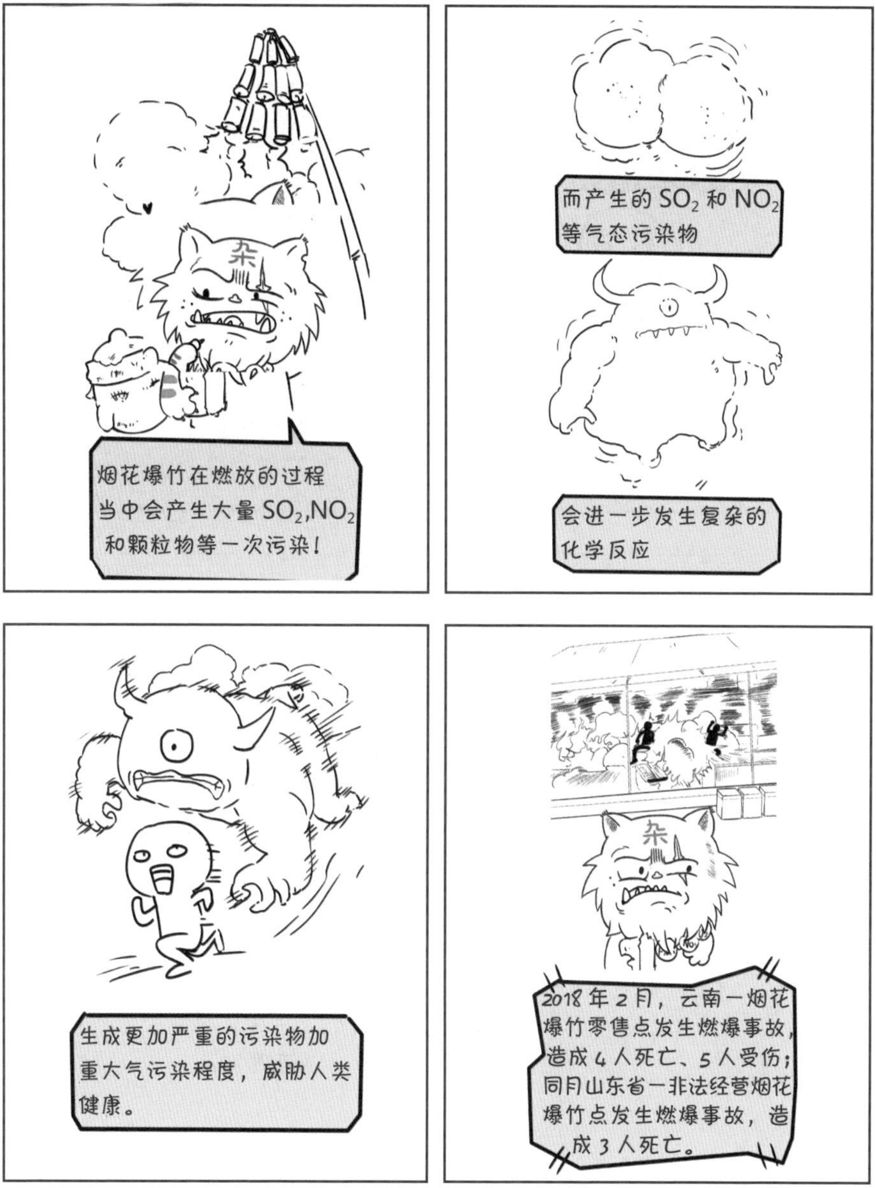
烟花爆竹在燃放的过程当中会产生大量SO_2,NO_2和颗粒物等一次污染！
而产生的SO_2和NO_2等气态污染物
会进一步发生复杂的化学反应
生成更加严重的污染物加重大气污染程度，威胁人类健康。
2018年2月，云南一烟花爆竹零售点发生燃爆事故，造成4人死亡、5人受伤；同月山东省一非法经营烟花爆竹点发生燃爆事故，造成3人死亡。

这也太可怕了吧！
所以嘛，烟花爆竹的燃放，
真是要注意啊！！
杂
嗯？
嗖~
嘭！嘭！
嘿嘿嘿....
End

如果“霾”会说话

13 令人又爱又恨的烧烤篇

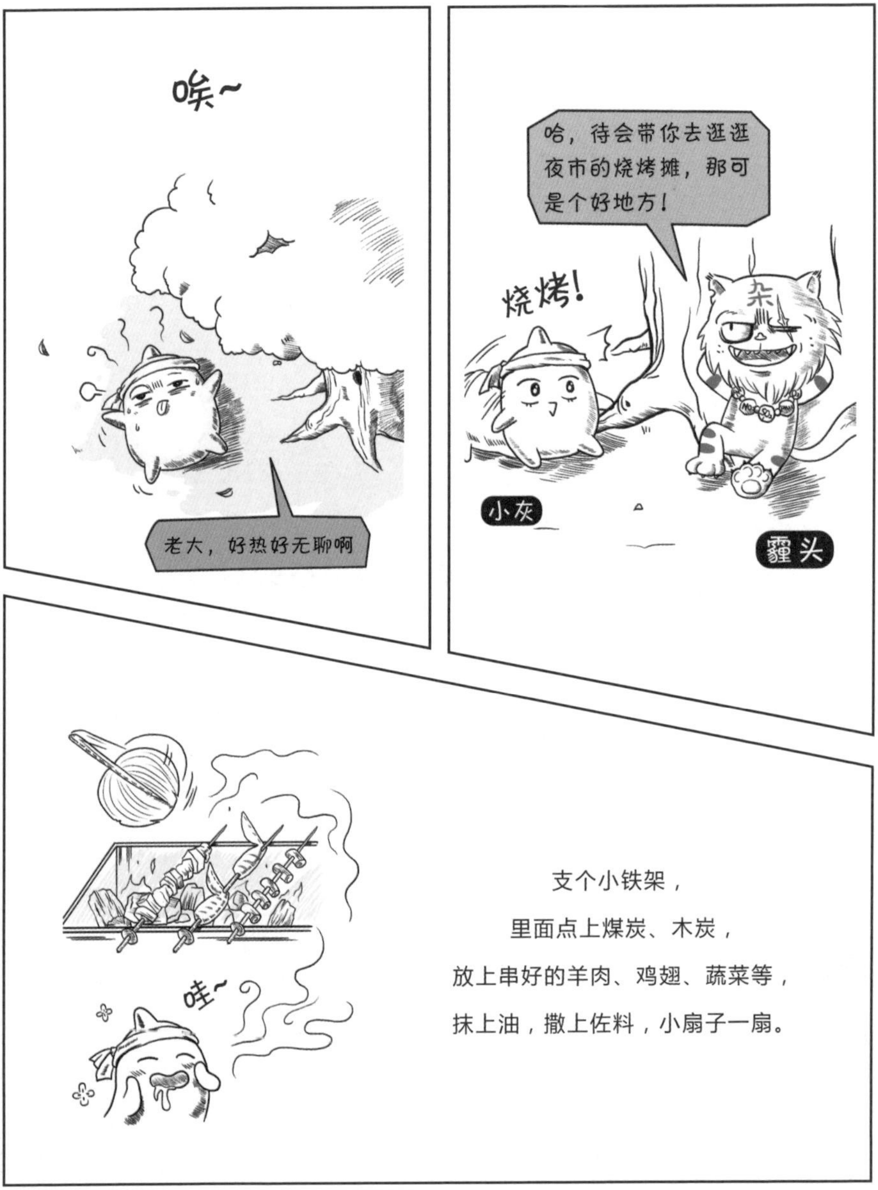
唉~
老大，好热好无聊啊
哈，待会带你去逛逛夜市的烧烤摊，那可是个好地方！
烧烤！
小灰
霾头
哇~
支个小铁架，
里面点上煤炭、木炭，
放上串好的羊肉、鸡翅、蔬菜等，
抹上油，撒上佐料，小扇子一扇。

烟雾袅袅中，一边撸串，
一边喝着啤酒，看世界杯。
就一个字
爽！
啤酒
过他，进球啦！
好的！
烧烤的过程中产生的烟气，主要由炭不完全燃烧产生，其中含有大量黑炭和CO、SO2、氮氧化物等PM2.5的前体物，不仅会污染空气，对人体也是极其有害的。
杂
CO2
小碳球
你好
(呵,不用握手啦)
小肉串上的食用油在高温作用下会变成气态的油雾，高温状态下的油烟凝聚物含有苯并[a]芘等致癌、致突变有害物质。
而滴落到炭火里的油脂啊，烧烤料等遇到炭灰就形成了浓烟跑到空气中去了！

烧烤不仅危害环境，也破坏身体健康。此类食物中含有苯并[a]芘等多环芳烃类物质，容易致病致癌。

烧烤食物不易烤熟，食之有寄生虫污染的危险。

正规的烧烤店食材的来源健康。烧烤摊位于厨房内，安装了餐饮油烟的净化装置用于油烟净化和除尘，使烟气通过净化过滤。

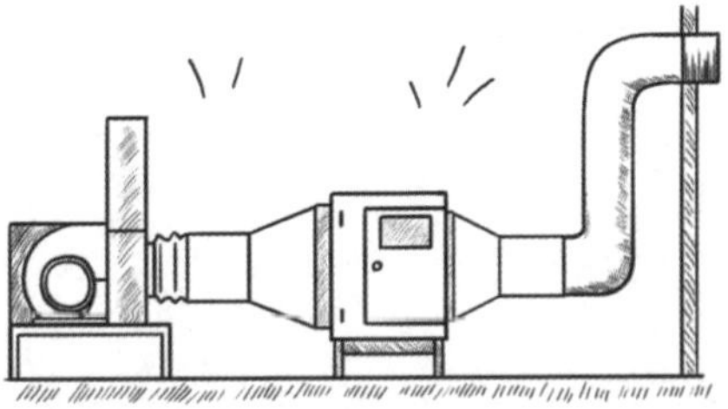

另外正规的烧烤店也都
不怎么用碳烤，改为电烤了！
加了环保理念，和路边摊位
是有很大差别的！
“我们不一样，不一样…”

可是老大，为什么人类
知道露天烧烤的危害！
还是要不停的吃呢？
烧烤
烧烤
呵，商家利益的驱使，
食客的贪吃呗。人类啊，
总是抵挡不住诱惑的！

当然要是都规范经营了，
咱们的小日子可就不滋润了！
路边烧烤多多益善，我们
好再度归来。
杂

一边吃着，
一边指责环境污染的严重！
城市空气越来越差，
可是归根到底还不都是他们
自己搞出的乱子嘛！
杂

保护环境是场长久的拉锯战，
需要不松懈的坚持下去才行。

—— End ——

如果“霾”会说话

14　加油站里的污染物大军（VOCs）

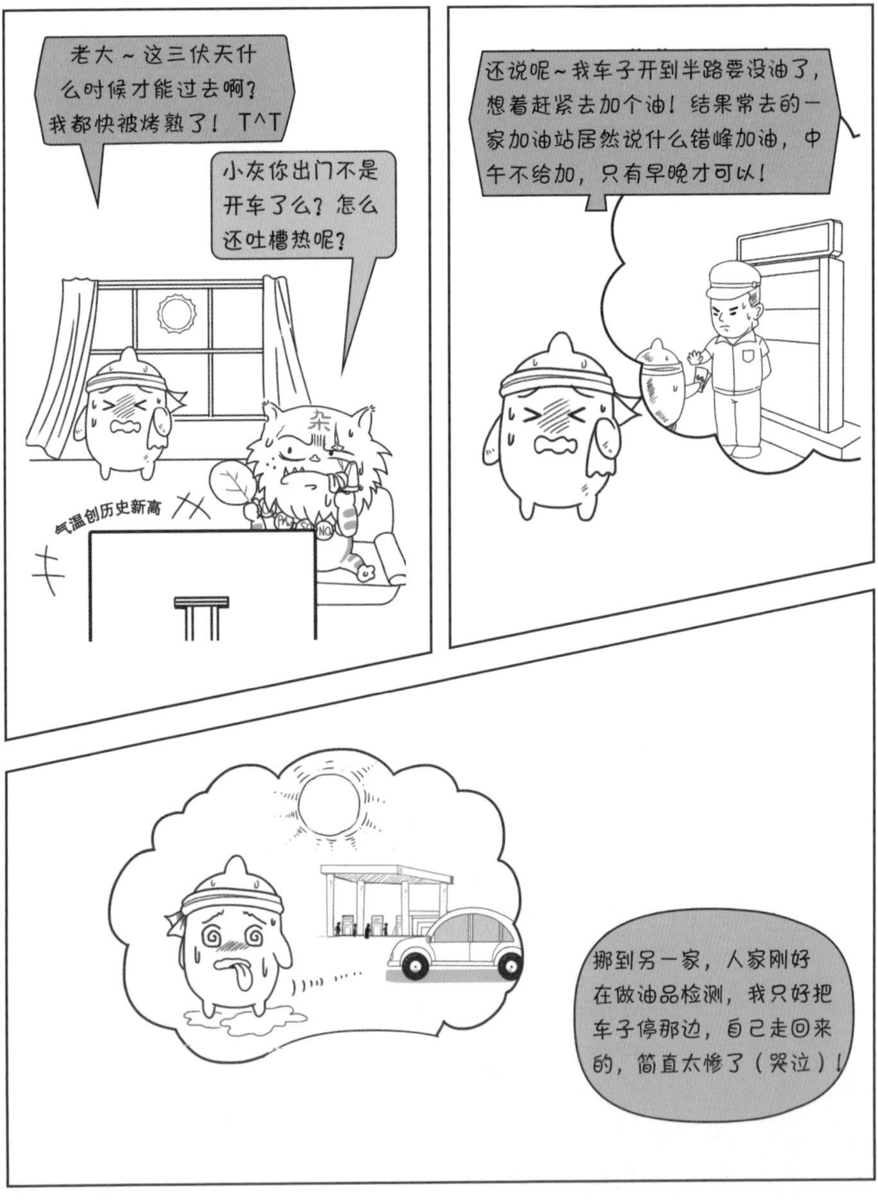
老大~这三伏天什么时候才能过去啊？我都快被烤熟了！T^T
小灰你出门不是开车了么？怎么还吐槽热呢？
气温创历史新高
杂
还说呢~我车子开到半路要没油了，想着赶紧去加个油！结果常去的一家加油站居然说什么错峰加油，中午不给加，只有早晚才可以！
挪到另一家，人家刚好在做油品检测，我只好把车子停那边，自己走回来的，简直太惨了（哭泣）！

$PM_{2.5}$ 和 O_3 浓度超标一直是他们最头疼的问题。由于 VOCs 是关键污染物 $PM_{2.5}$ 和 O_3 的重要前体物，因此控制 VOCs 的排放将有利于降低 $PM_{2.5}$ 和 O_3 的浓度，很大程度上削弱了我们家族的力量！

其实呢，人类的这些小动作最主要的意图还是为了降低臭氧的危害。

对于人类而言，距离地面 30~50 千米的大气平流层中，臭氧层是一个保护层。它可以减少太阳短波射线对人类和其他生物的辐射影响。

在距离地面 1.5~1.8 米处的空气中，如果臭氧超过一定浓度就会形成臭氧污染。炎热夏季的 14：00-16：00，太阳紫外线辐射强度最大的时候，VOCs 近地面排放就有可能形成臭氧。

要知道，现在各个城市空气质量超标的头号污染物就是臭氧！
我的 VOCs 兄弟真是好有派头！把人类耍的焦头烂额！

VOCs 是大气挥发性有机物的总称。通常指常压下沸点在50~260℃，室温下饱和蒸汽压超过133.32Pa的有机化合物。

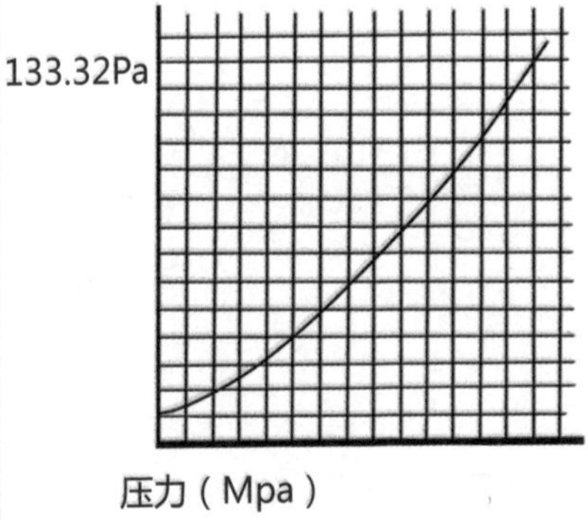

我们有幸请到了老朋友VOCs本尊来给大家做介绍，下面有请~
杂
大家好！我就是人们常说的VOCs。
VOCs
生态环境部
《“十三五”挥发性有机物污染防治工作方案》将我定义为
“参与大气光化学反应的有机化合物”

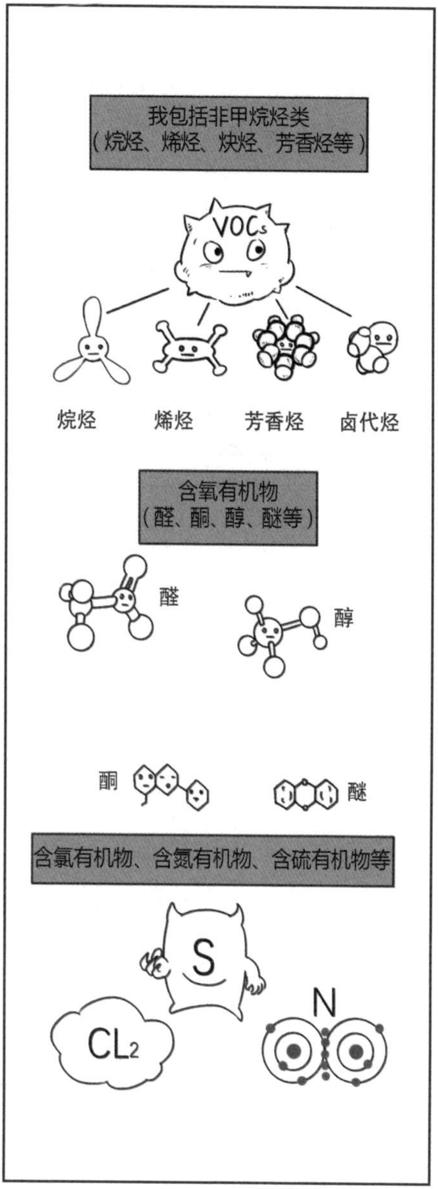
我包括非甲烷烃类
（烷烃、烯烃、炔烃、芳香烃等）
VOCs
烷烃
烯烃
芳香烃
卤代烃
含氧有机物
（醛、酮、醇、醚等）
醛
醇
酮
醚
含氯有机物、含氮有机物、含硫有机物等
S
CL2
N

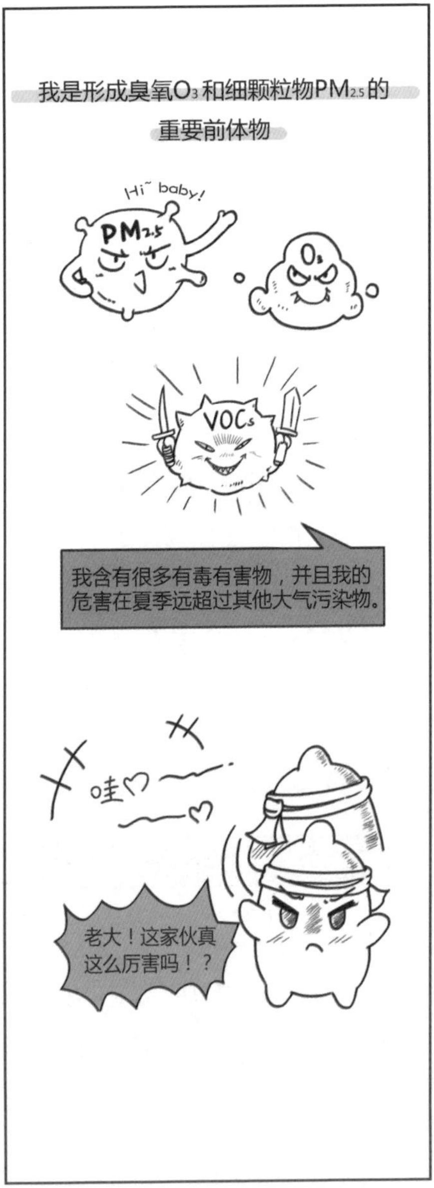
我是形成臭氧O_3和细颗粒物$PM_{2.5}$的重要前体物
Hi~ baby!
$PM_{2.5}$
O_3
VOCs
我含有很多有毒有害物，并且我的危害在夏季远超过其他大气污染物。
哇
老大！这家伙真这么厉害吗！？

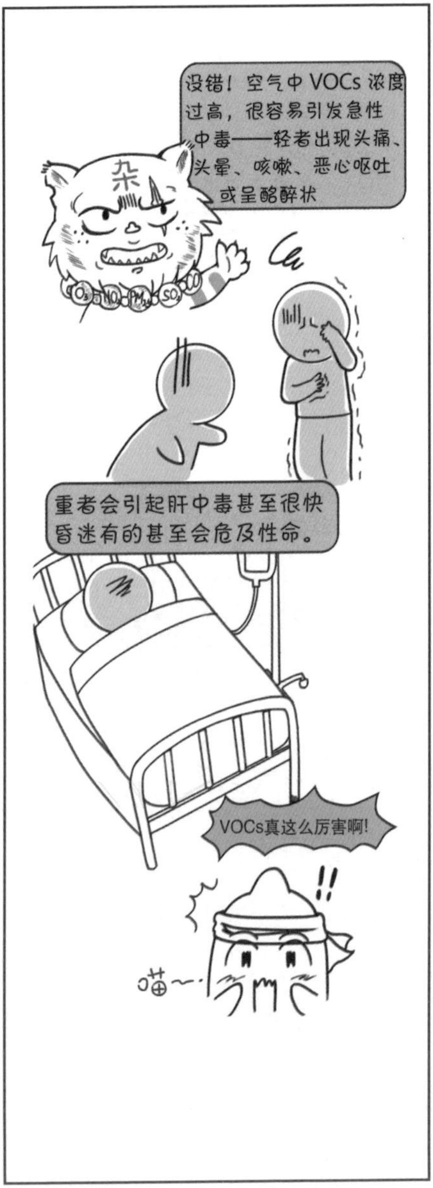
没错！空气中VOCs浓度过高，很容易引发急性中毒——轻者出现头痛、头晕、咳嗽、恶心呕吐或呈酩醉状
杂
重者会引起肝中毒甚至很快昏迷有的甚至会危及性命。
VOCs真这么厉害啊!
!!
喵~

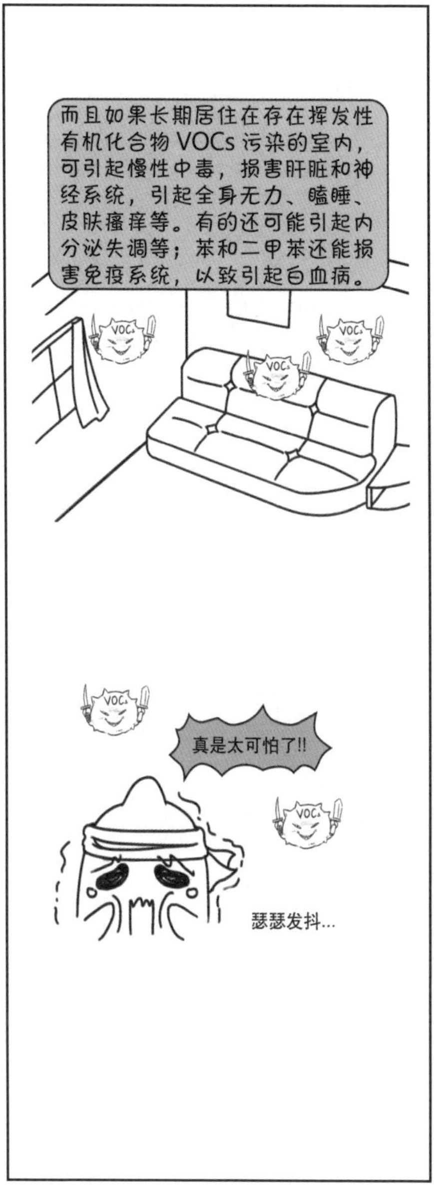
而且如果长期居住在存在挥发性有机化合物VOCs污染的室内，可引起慢性中毒，损害肝脏和神经系统，引起全身无力、瞌睡、皮肤瘙痒等。有的还可能引起内分泌失调等；苯和二甲苯还能损害免疫系统，以致引起白血病。
VOCs
真是太可怕了!!
瑟瑟发抖...

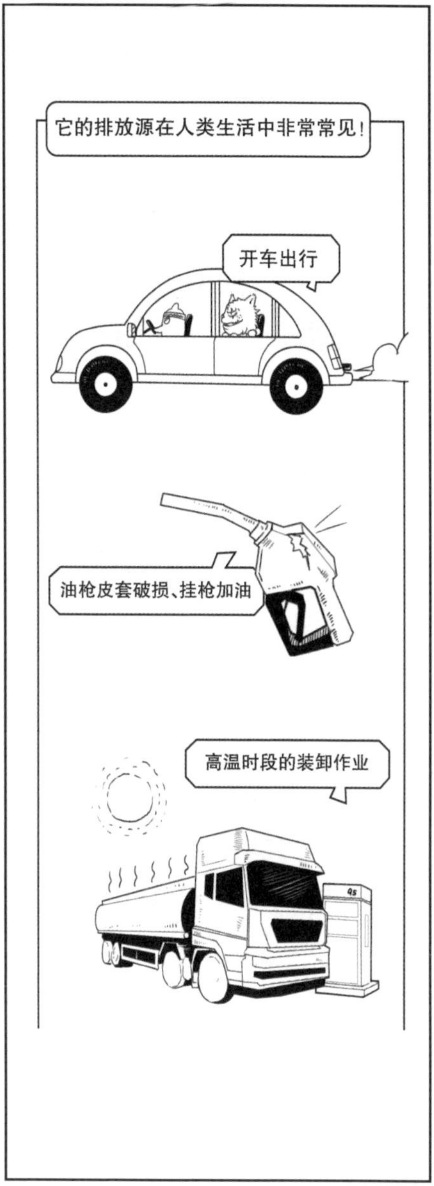
它的排放源在人类生活中非常常见！
开车出行
油枪皮套破损、挂枪加油
高温时段的装卸作业

汽车钣金喷涂挥发污染
建筑装饰喷涂漆料污染
干洗行业使用的石油溶剂
石油洗剂
餐饮业油烟能耗污染
扇~
以上！都会挥发出大量的VOCs！
但是危害程度最大的还是油品质量不合格，既损坏车辆，又造成 VOCs 的污染
所以人类才要做油品监测吗？

对。由于油品批次质量差异过大，汽车行驶工况、行驶速度、内燃机效率等条件的不同，国内外汽车尾气的 VOCs 源谱差异明显，主要体现在烯烃的含量上，国内汽车尾气排放中，烯烃含量较高！
那人们检测的都是什么油品啊？
杂
检测的主要是石油产品，石油经过炼制产出汽油、煤油、柴油、重油和润滑油脂等多种类石油产品。

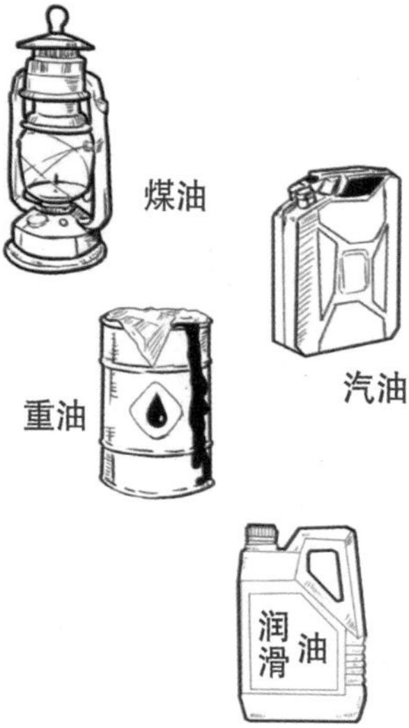

煤油
汽油
重油
润滑油

小知识：油品监测≠油液监测

油品检测仅仅是验证其各项指标是否符合该种油品的国家标准，产品是否合格，是商品供需双方达成交易的重要质量保证。而油液监测是通过定期的对同一设备在用油的监测信息，分析设备目前和未来的润滑磨损状态

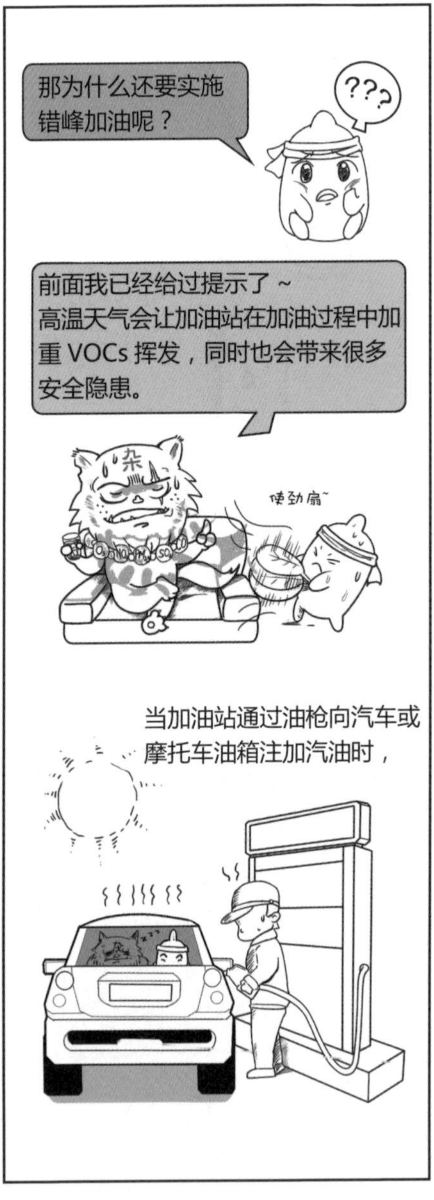
那为什么还要实施错峰加油呢？
???
前面我已经给过提示了~
高温天气会让加油站在加油过程中加重 VOCs 挥发，同时也会带来很多安全隐患。
杂
使劲扇~
当加油站通过油枪向汽车或摩托车油箱注加汽油时，

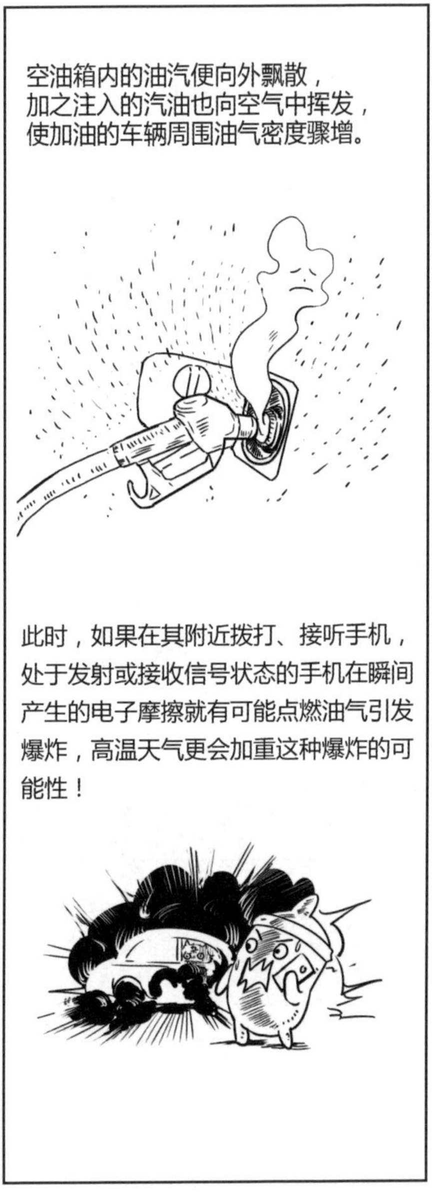
空油箱内的油汽便向外飘散，加之注入的汽油也向空气中挥发，使加油的车辆周围油气密度骤增。
此时，如果在其附近拨打、接听手机，处于发射或接收信号状态的手机在瞬间产生的电子摩擦就有可能点燃油气引发爆炸，高温天气更会加重这种爆炸的可能性！

除此以外，国家在其他行业上也对 VOCs 进行了管控：

在建筑装饰装修行业推广使用符合环境产品技术要求的建筑涂料、低有机溶剂型木器漆和胶粘剂，逐步减少有机溶剂型涂料的使用。

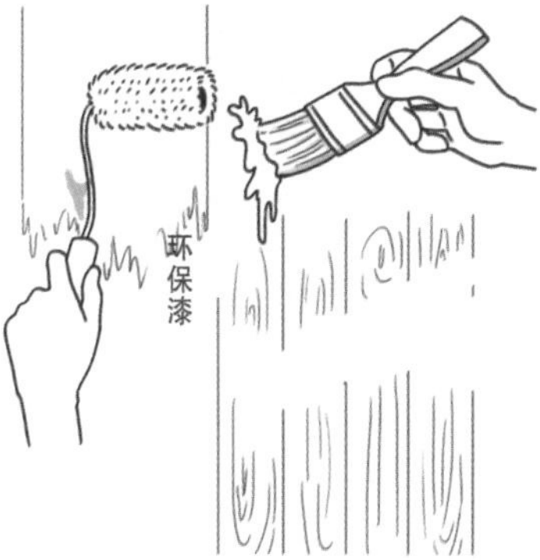

在服装干洗行业应淘汰开启式干洗机的生产和使用，推广使用配备压缩机制冷溶剂回收系统的封闭式干洗机，鼓励使用配备活性炭吸附装置的干洗机。

在餐饮服务行业鼓励使用管道煤气、天然气等清洁能源；倡导低油烟、低污染、低能耗的饮食方式（使用管道煤气、天然气、电等清洁能源）

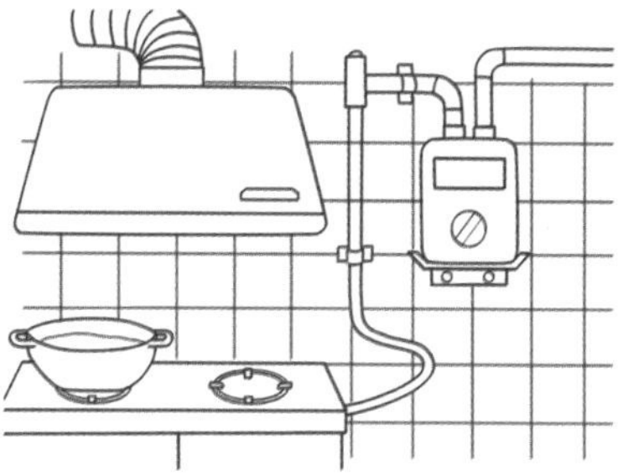

对汽车喷漆行业也进行了规范，要求专门的喷涂车间且必须安装 VOCs 治理设施。

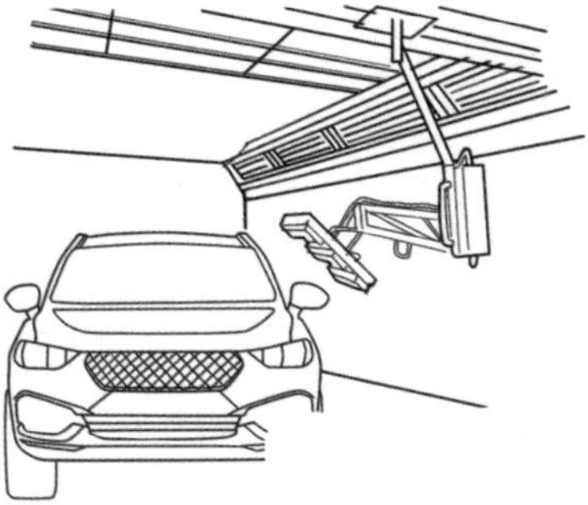

以上这些都是有效减少VOCs的有效方式哦~

原来如此！
可恶的人类，哼！
哼！

—— End ——

如果“霾”会说话

15　水的味道怪怪的

Zzzzz
呼噜~
霾头
老大~
老大
不得了了!!
碰!
呼々…
吓!
噌!
老大，
外面的湖水变颜色了！还有臭味！
迷糊
嗯？
小鱼小蟹一夜之间都死掉了，
好可怜啊
555...

一定是湖水被污染了
查不出排放源。
嗯。
渔民的收成没了
都不知道该怎么办
水污染带来的后果可
不止这些！

寄生虫

每升污水可达上百万个，常见的寄生虫有阿米巴、麦地那丝虫、蛔虫、鞭虫、血吸虫、肝吸虫等，可造成各种寄生虫病。

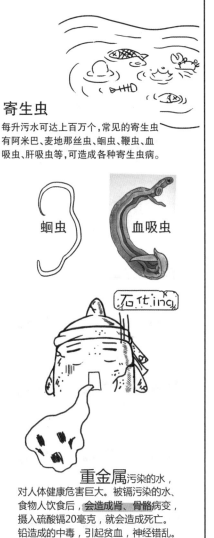

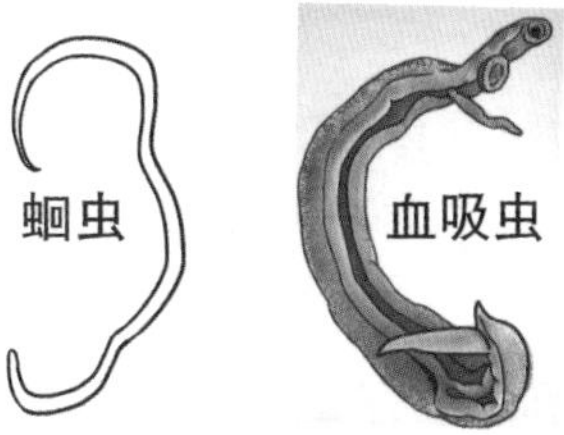
蛔虫
血吸虫

石化ing

重金属污染的水，对人体健康危害巨大。被镉污染的水、食物人饮食后，会造成肾、骨骼病变，摄入硫酸镉20毫克，就会造成死亡。铅造成的中毒，引起贫血，神经错乱。六价铬有很大毒性，引起皮肤溃疡，还会诱发癌症。饮用含砷的水，会发生急性或慢性中毒。

呃…听起来很可怕的样纸。
等等，
我是不是忘了..
…什么重要的事情？
啊！
我
中秋节梦寐以求的
大闸蟹吃不到了！
你就知道吃！
杂
捏脸
老大，我错了~
杂
人类种下的苦果，
终要自己来品尝!!!

“地表的土层一般较疏松，雨水、雪水还有水蒸汽”等降落到地面就会沿空隙渗透进去。其中砂纸土壤渗透水最多。

如果下面有不透水的岩层挡住了水的流向，或是溶洞、地表断裂层……

水就会聚集到一起，形成地下水层，也就是我们常说的地下水。”

泉水、矿物质水、溶洞水、地热水等都属于地下水。

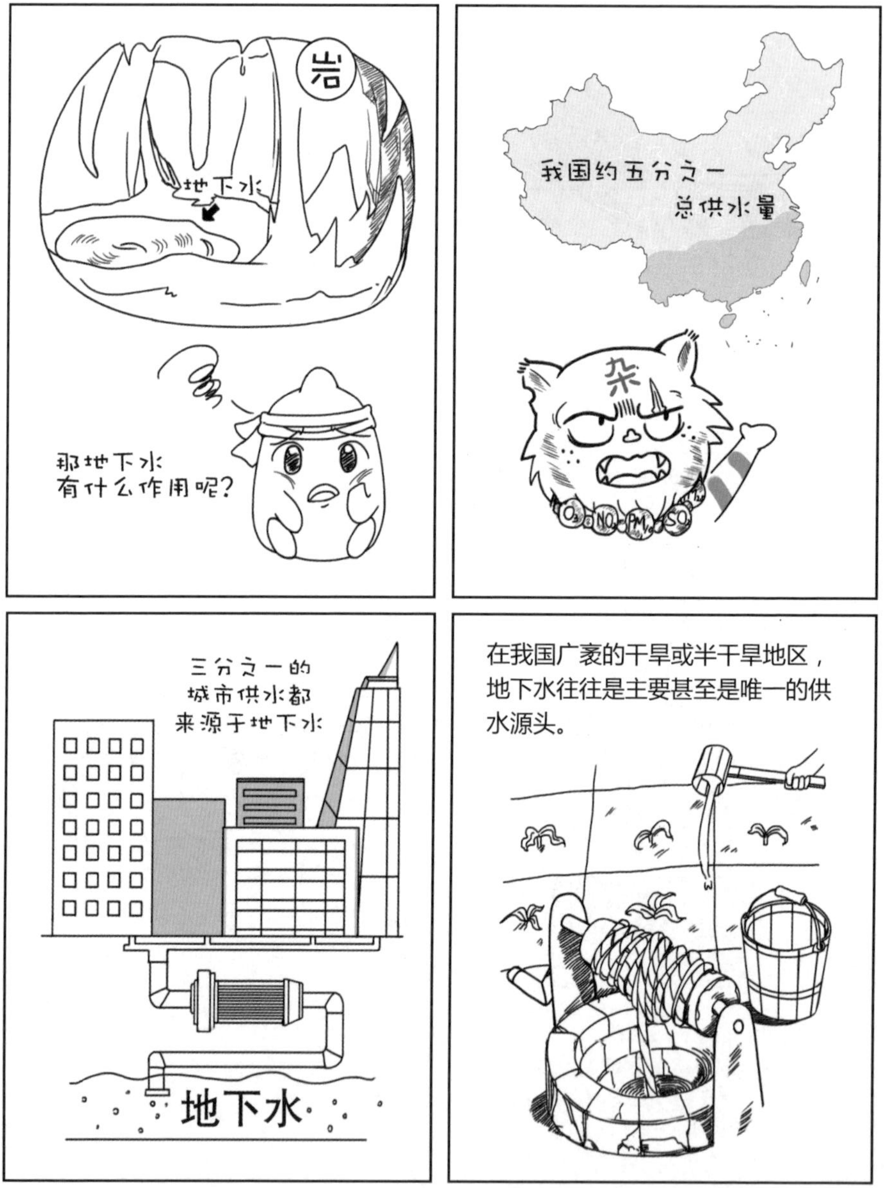
岩
地下水
那地下水
有什么作用呢？
我国约五分之一
总供水量
杂
三分之一的
城市供水都
来源于地下水
地下水
在我国广袤的干旱或半干旱地区，
地下水往往是主要甚至是唯一的供
水源头。

如果地下水被过度开采，会引发地面沉降，河流干涸，湿地锐减植被退化，海水入侵，土地沙漠化等一系列严重的环境地质生态问题。

各地出现的不明地陷，曾被谣传为世界末日前兆，事实上跟地下水的过度开采有着脱不开的关系。

对于地下水的开发，我国坚持以科学论证与合理开发为前提：

健全国家水资源保护法，
对水资源的开发进行统一的规划。

加大节水技术的投入力度
以其他水资源代替地下水。
如河流、湖泊等等
当然最重要的还是大家的维护，
从我做起，节约水源，
人多力量大嘛！
节水减排
朝阳群众

关好
好的。包在我身上！
拍胸脯！
End

如果“霾”会说话

16 发烧的北极圈

老大，我怎么感觉今年夏天的温度要高很多啊！
北半球被高温席卷这件事到现在已经不算是新闻了，很多国家及地区的气温创下了历史新高！北极地区都一度达到了 32℃的高温！
可是咱们的臭氧兄弟最近又没有怎么出门..
好乖~
大家都在呢
北极冬季气温平均在 -20~40℃
但 2018 年 2 月，阴暖流入侵导致温度比以往高出了 30℃以上，竟然达到了 2℃！
2月的北极：
2℃
要化掉了
好热
北极地区在每年3月20日前并无阳光照射，这种升温现象在过去是极为罕见的！！
爽
这种高温会引发什么后果吗?

根据美国国家航空航天局（NASA）的监测数据显示：在过去的 40 年里，北极夏季海冰面积减少了将近一半，只剩下 350 万平方千米
40年前
坚挺

40年后
我不要消失~

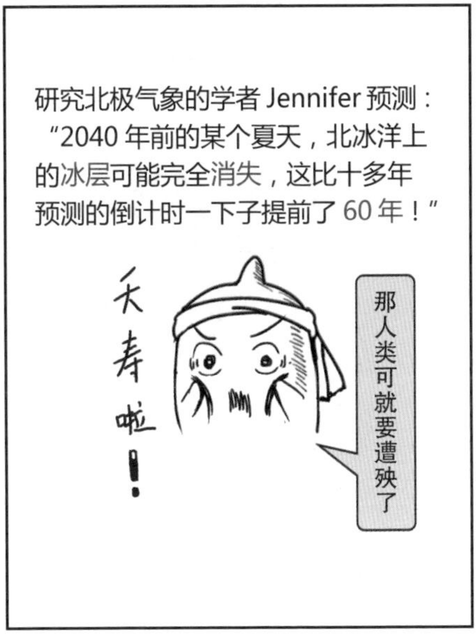
研究北极气象的学者 Jennifer 预测：“2040 年前的某个夏天，北冰洋上的冰层可能完全消失，这比十多年预测的倒计时一下子提前了 60 年！”
夭寿啦！
那人类可就要遭殃了

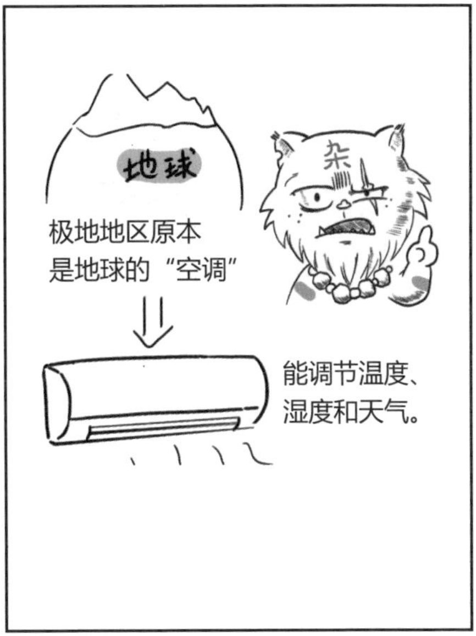
地球
杂
极地地区原本是地球的“空调”
能调节温度、湿度和天气。

地
瘫
如今它“瘫痪”了……
检修中
热死啦
地
地球麻麻坚持住啊！
直接被这件事影响的就是整个地球的生物了！

瑞典
挪威
芬兰
前几天看新闻报道，挪威、瑞典以及芬兰等位于北极圈的国家多地气温均突破历史最高记录。而且发生了多场严重火灾，也与这个相关吧！
嗯。小灰反应很快！
杂

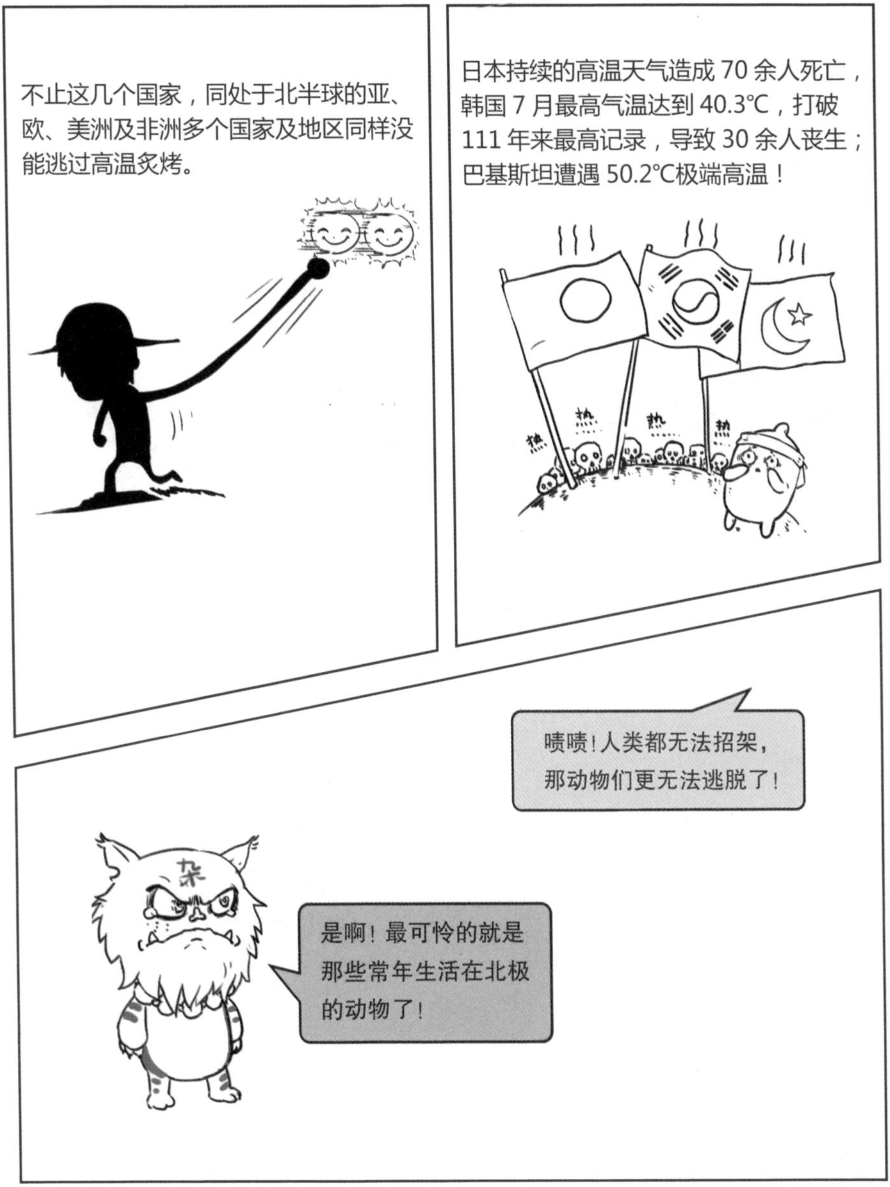
不止这几个国家，同处于北半球的亚、欧、美洲及非洲多个国家及地区同样没能逃过高温炙烤。
日本持续的高温天气造成 70 余人死亡，韩国 7 月最高气温达到 40.3℃，打破 111 年来最高记录，导致 30 余人丧生；巴基斯坦遭遇 50.2℃极端高温！
啧啧！人类都无法招架，那动物们更无法逃脱了！
是啊！最可怜的就是那些常年生活在北极的动物了！

格陵兰海豹在海冰的
雪堆上出生
一旦海冰很薄或者形成得过晚
而出现破裂时，小海豹会掉到
海里被淹死。
海豹是北极熊的主要食物来源，
海冰又是北极熊捕猎海豹及
其他生物的关键平台。

海冰的大幅度消融间接
导致了北极熊数量的减少。
许多北极熊在迁移栖息地的过程
中，由于找不到足以承受它们
重量的浮冰休息而被迫停留
在无冰的陆地上。
根据国际自然保护联盟预测，
到2050年全球北极熊的数量
将下降30%以上！
在古老的拉丁语中，
北极熊叫URSUS MARITIMUS，
意思是"海中之熊"，
他们有着很强的游泳能力。
～嗷！

生命中大部分时间都在水中
度过的北极熊,到现在却因为
长时间游泳而可能会被淹死!
麻麻…
一只北极熊妈妈
带着孩子颠沛流离。
我饿…

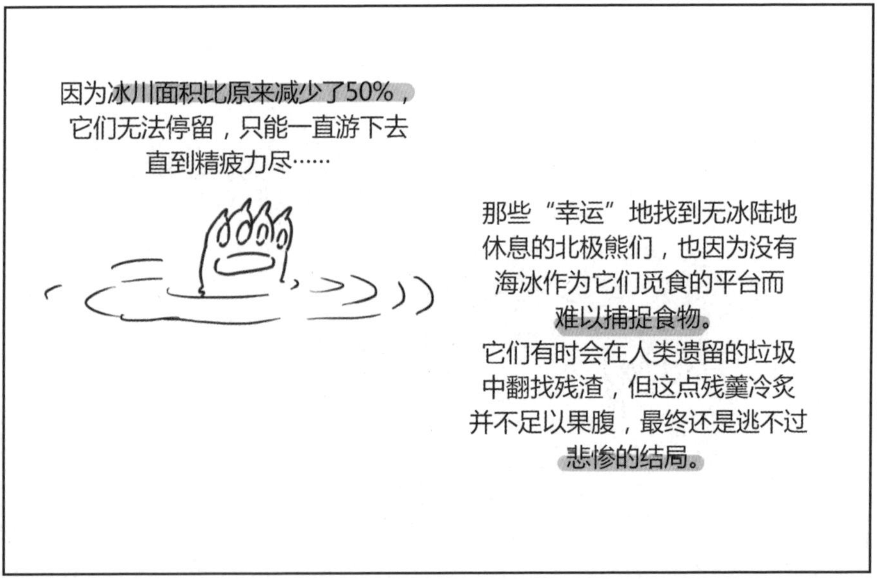
因为冰川面积比原来减少了50%，
它们无法停留，只能一直游下去
直到精疲力尽……
那些“幸运”地找到无冰陆地
休息的北极熊们，也因为没有
海冰作为它们觅食的平台而
难以捕捉食物。
它们有时会在人类遗留的垃圾
中翻找残渣，但这点残羹冷炙
并不足以果腹，最终还是逃不过
悲惨的结局。

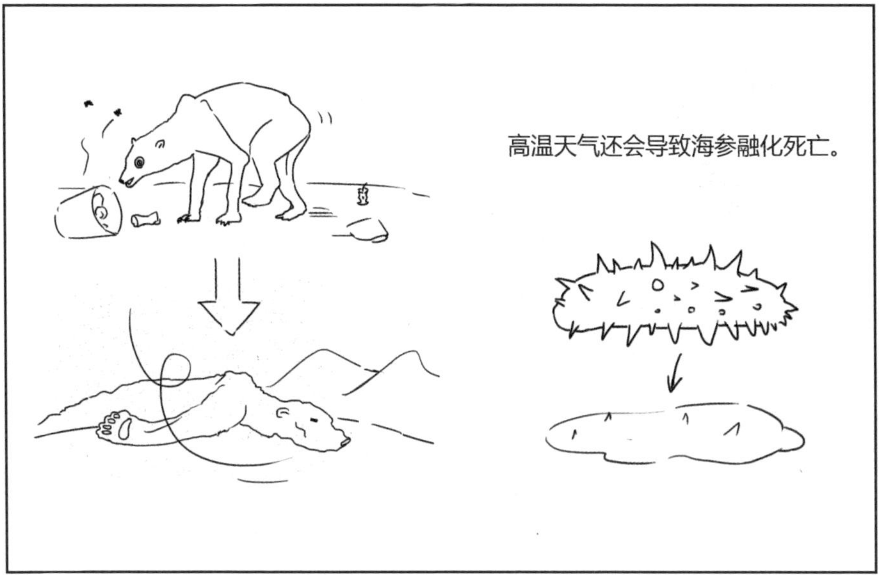
高温天气还会导致海参融化死亡。

老大我都想做点什么来帮助一下这些可怜的生命了！
其实人类也可以做点行动来延缓悲剧的发生！比如：

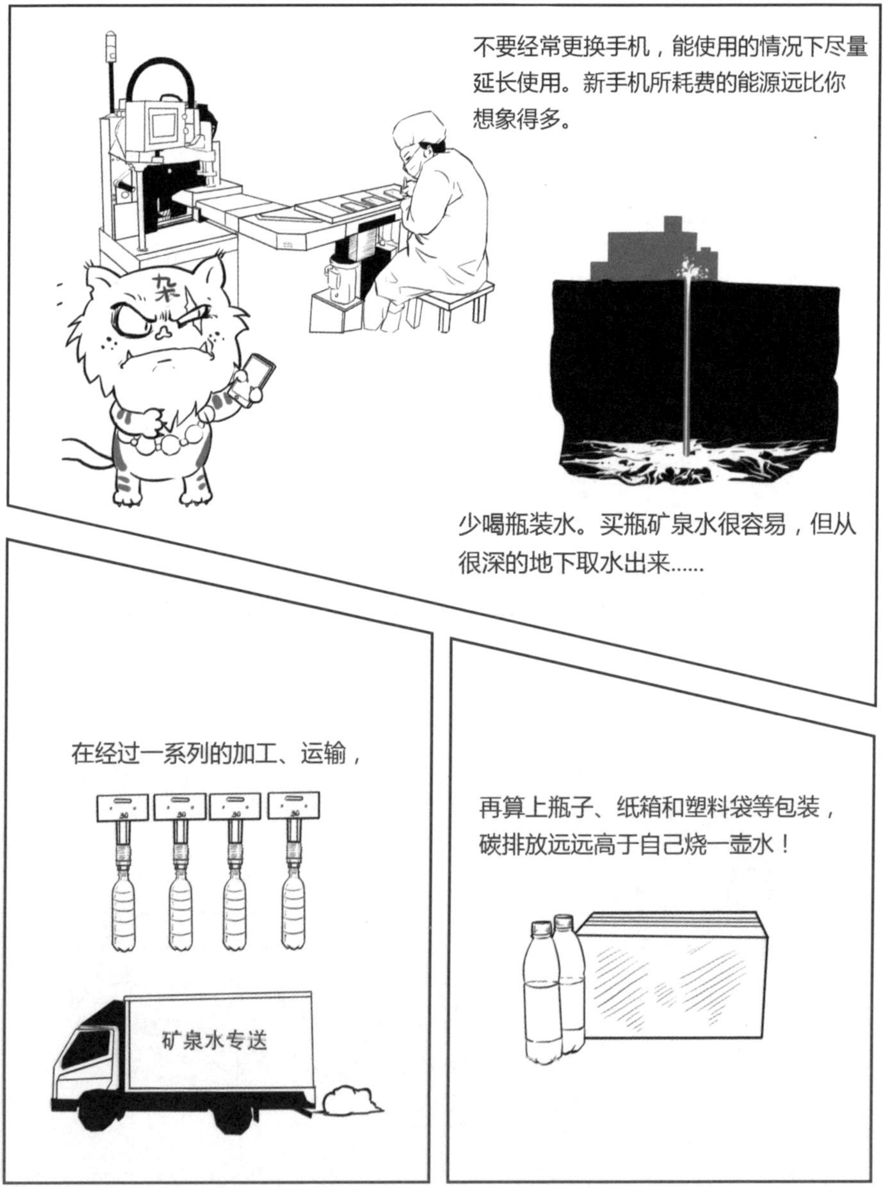
不要经常更换手机，能使用的情况下尽量延长使用。新手机所耗费的能源远比你想象得多。
少喝瓶装水。买瓶矿泉水很容易，但从很深的地下取水出来……
在经过一系列的加工、运输，
矿泉水专送
再算上瓶子、纸箱和塑料袋等包装，碳排放远远高于自己烧一壶水！

别让电器处于待机状态，直接关闭电源。因为在待机模式下的电器会多耗费40%的电量。

使用节能灯代替白炽灯，可节省70%~80% 的电力。

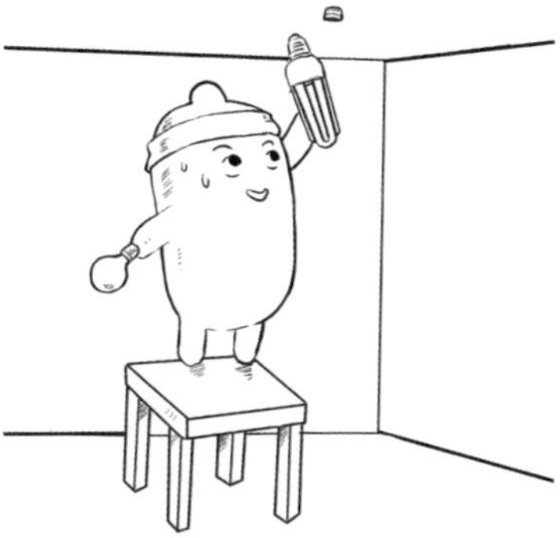

冬天用空调将室内温度降低 2℃、夏天时调高 2℃ ,就能减少二氧化碳的产生。

购物自带环保袋。减少塑料袋的使用率减少白色垃圾的产生。

555.. 我以后一定注意自带环保购物袋

多选择公交、自行车出行，减排低耗。

绿色出行

使用可重复利用的饭盒，减少一次性制品包括吸管的使用。
打包！自带饭盒！
我一定会在生活中注意这些细节!!! 真心希望全世界的冰川不要在一个人类的短暂生命中融化殆尽。
嗯！

小贴士

海水加速消融，海洋反射太阳辐射的能力减弱，上层海洋吸收了更多的热能，导致北极气候以全球水平约两倍的速度变暖。

——中国极地研究员　雷瑞波

—— End ——

如果“霾”会说话

17 动物吐槽大会

啪！
杂
好了，动物界
气候环境
吐槽大会
现在开始！！
动物大会
杂
小贴士：2018年全球
曾就气候变化问题召开波兰
气候大会，今天动物界也就
此召开会议，商讨方案。
在全球都受到气候变化影响
的时候，动物似乎比人类更先
接收了变化的信息，
更早地体现出影响后果。

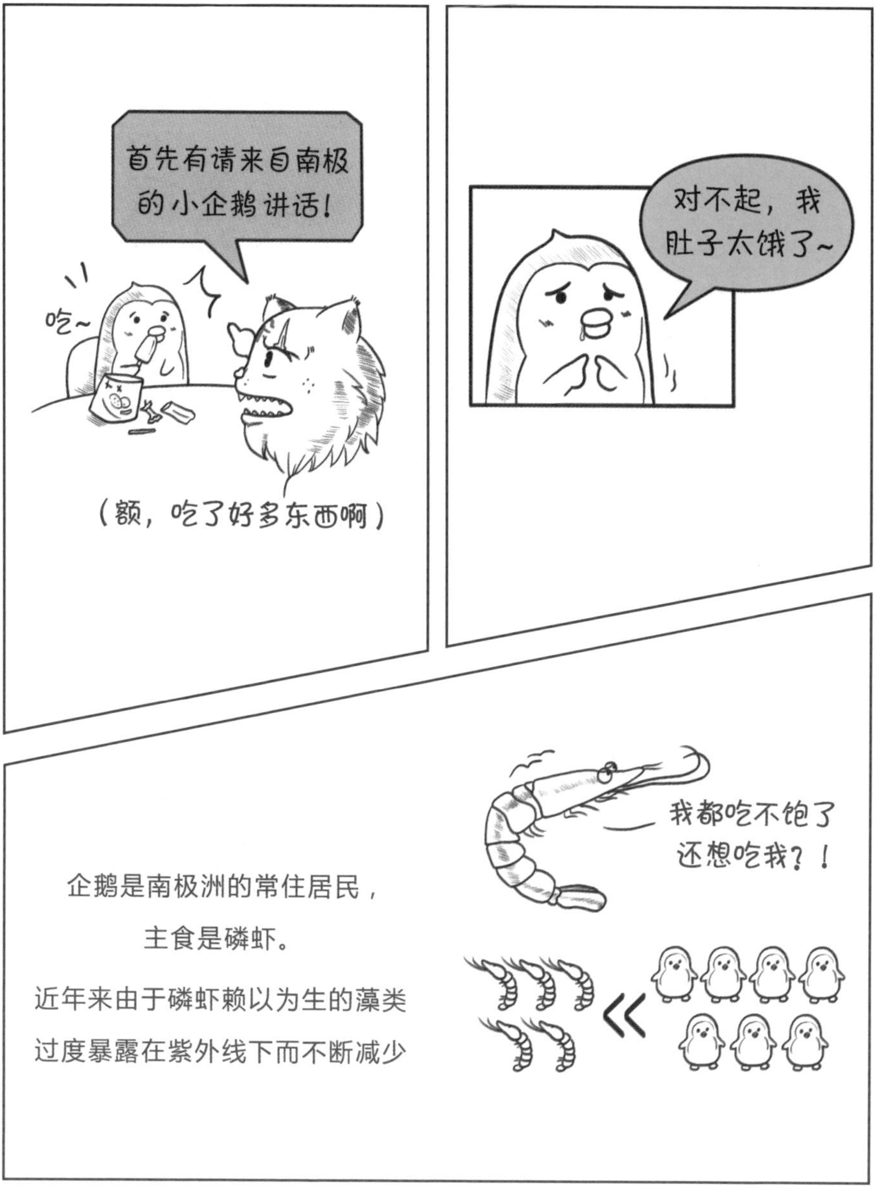
首先有请来自南极的小企鹅讲话！
吃~
（额，吃了好多东西啊）
对不起，我肚子太饿了~
企鹅是南极洲的常住居民，
主食是磷虾。
近年来由于磷虾赖以为生的藻类
过度暴露在紫外线下而不断减少
我都吃不饱了还想吃我？！

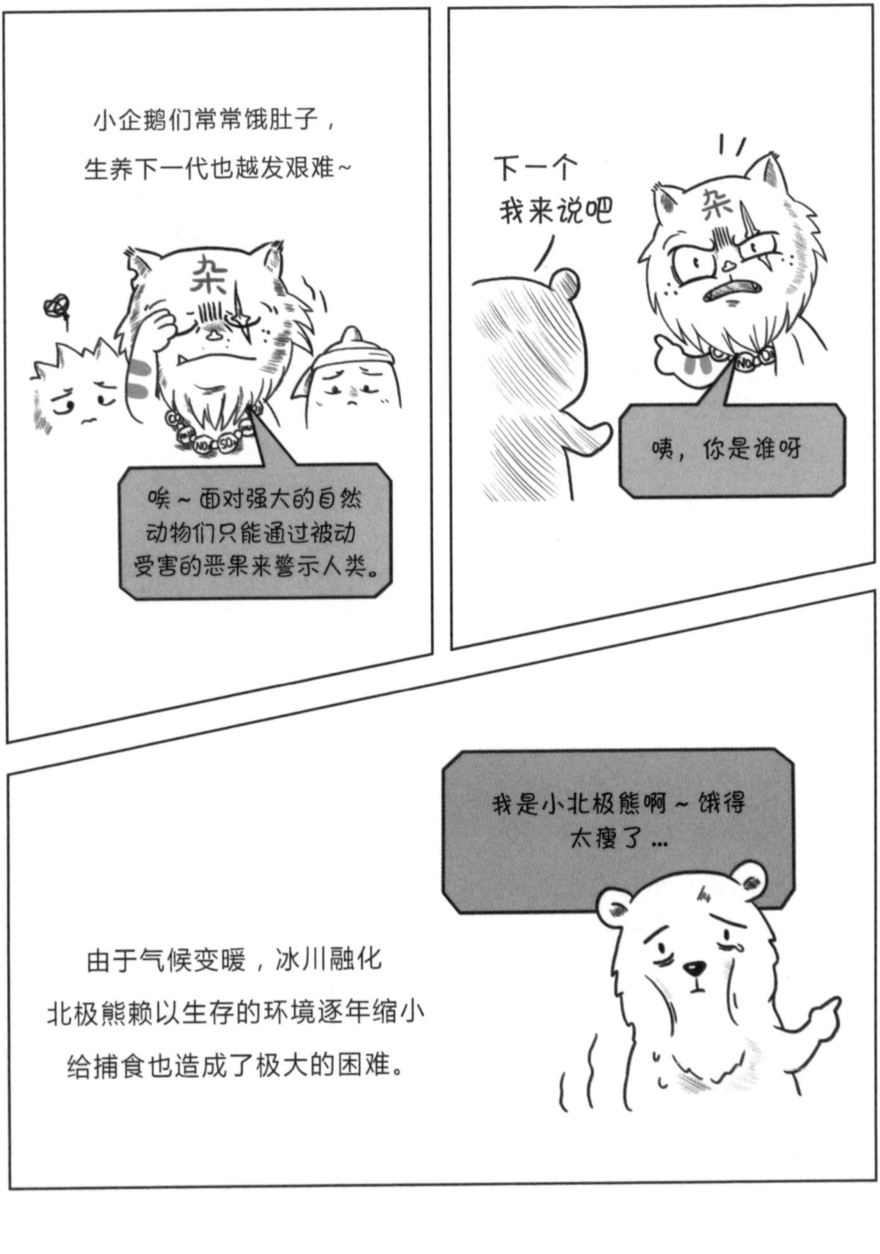
小企鹅们常常饿肚子，
生养下一代也越发艰难~
唉～面对强大的自然
动物们只能通过被动
受害的恶果来警示人类。
下一个
我来说吧
咦，你是谁呀
我是小北极熊啊～饿得
太瘦了…
由于气候变暖，冰川融化
北极熊赖以生存的环境逐年缩小
给捕食也造成了极大的困难。

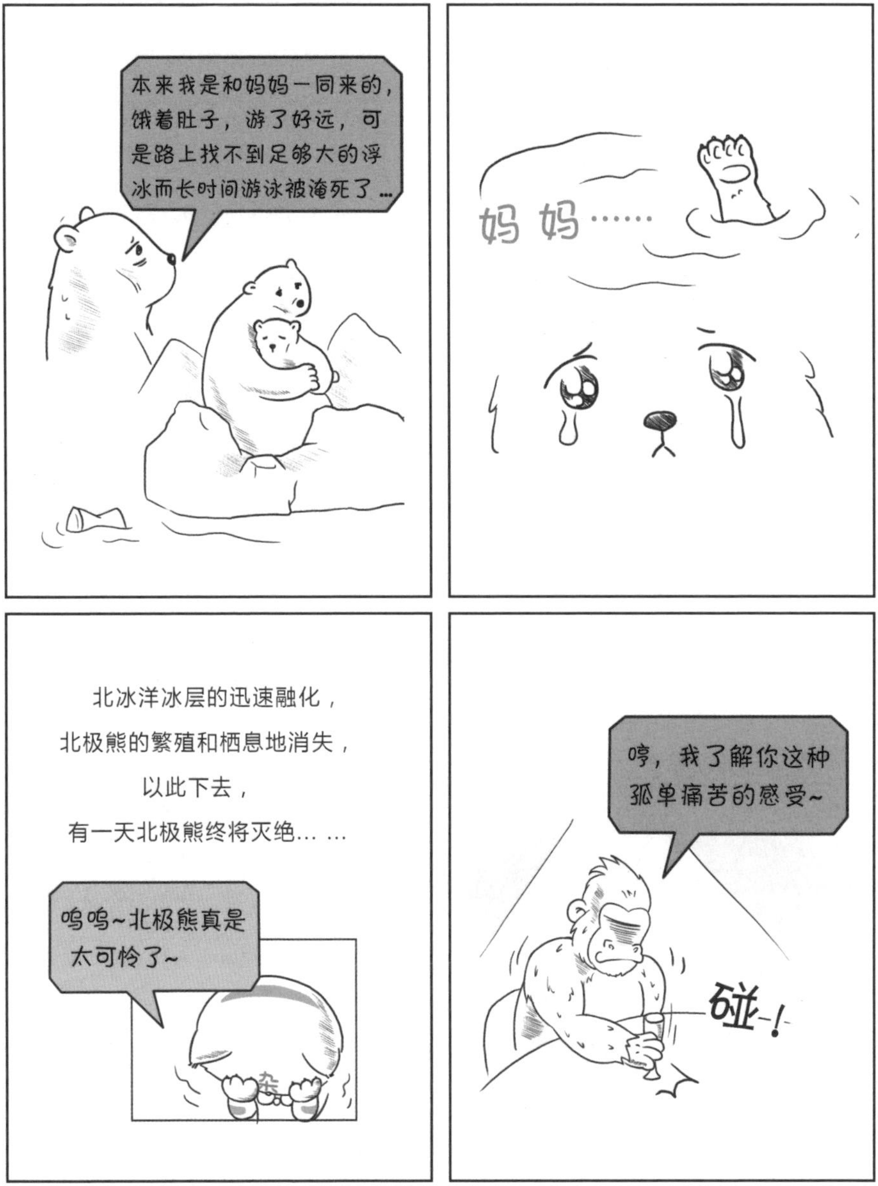
本来我是和妈妈一同来的，饿着肚子，游了好远，可是路上找不到足够大的浮冰而长时间游泳被淹死了…
妈妈……
北冰洋冰层的迅速融化，
北极熊的繁殖和栖息地消失，
以此下去，
有一天北极熊终将灭绝… …
呜呜~北极熊真是太可怜了~
哼，我了解你这种孤单痛苦的感受~
碰~!

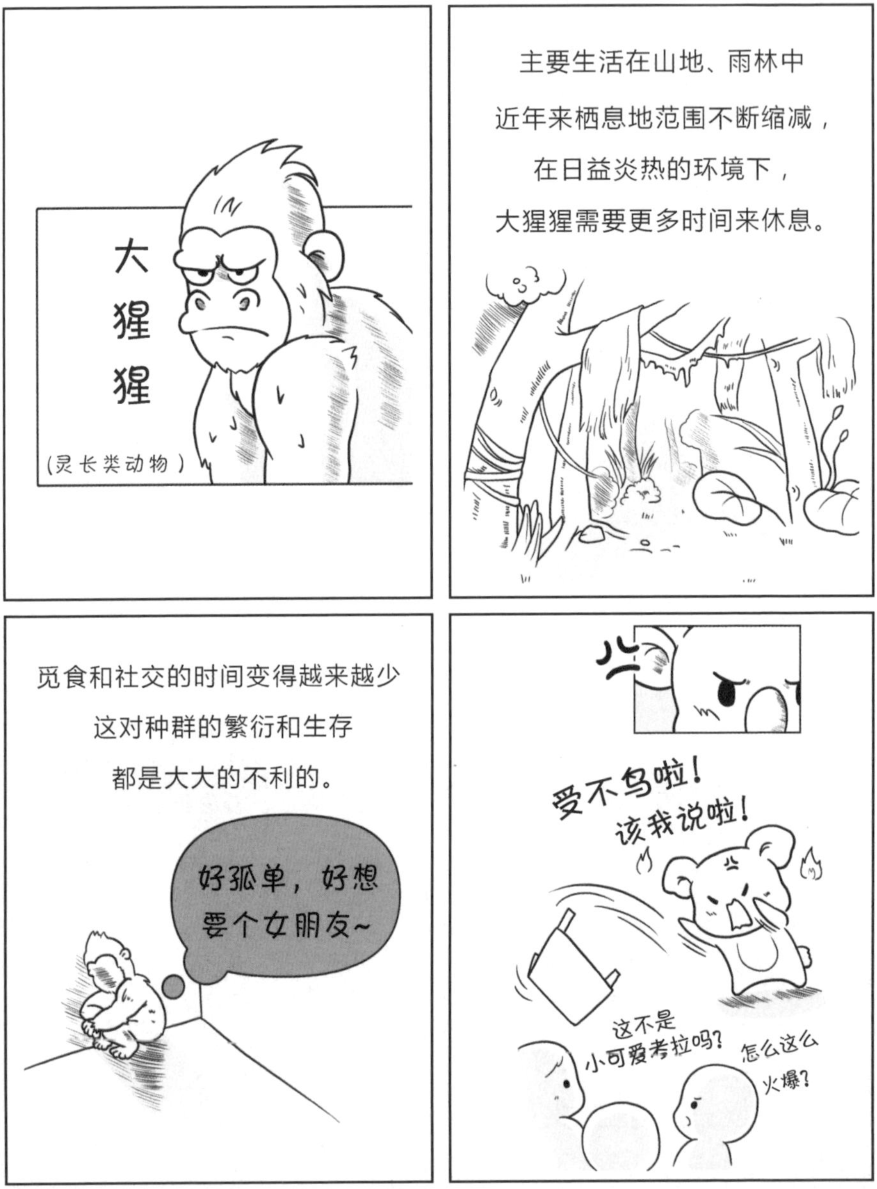
大猩猩
（灵长类动物）
主要生活在山地、雨林中
近年来栖息地范围不断缩减，
在日益炎热的环境下，
大猩猩需要更多时间来休息。
觅食和社交的时间变得越来越少
这对种群的繁衍和生存
都是大大的不利的。
好孤单，好想要个女朋友~
受不鸟啦！
该我说啦！
这不是小可爱考拉吗？
怎么这么火爆？

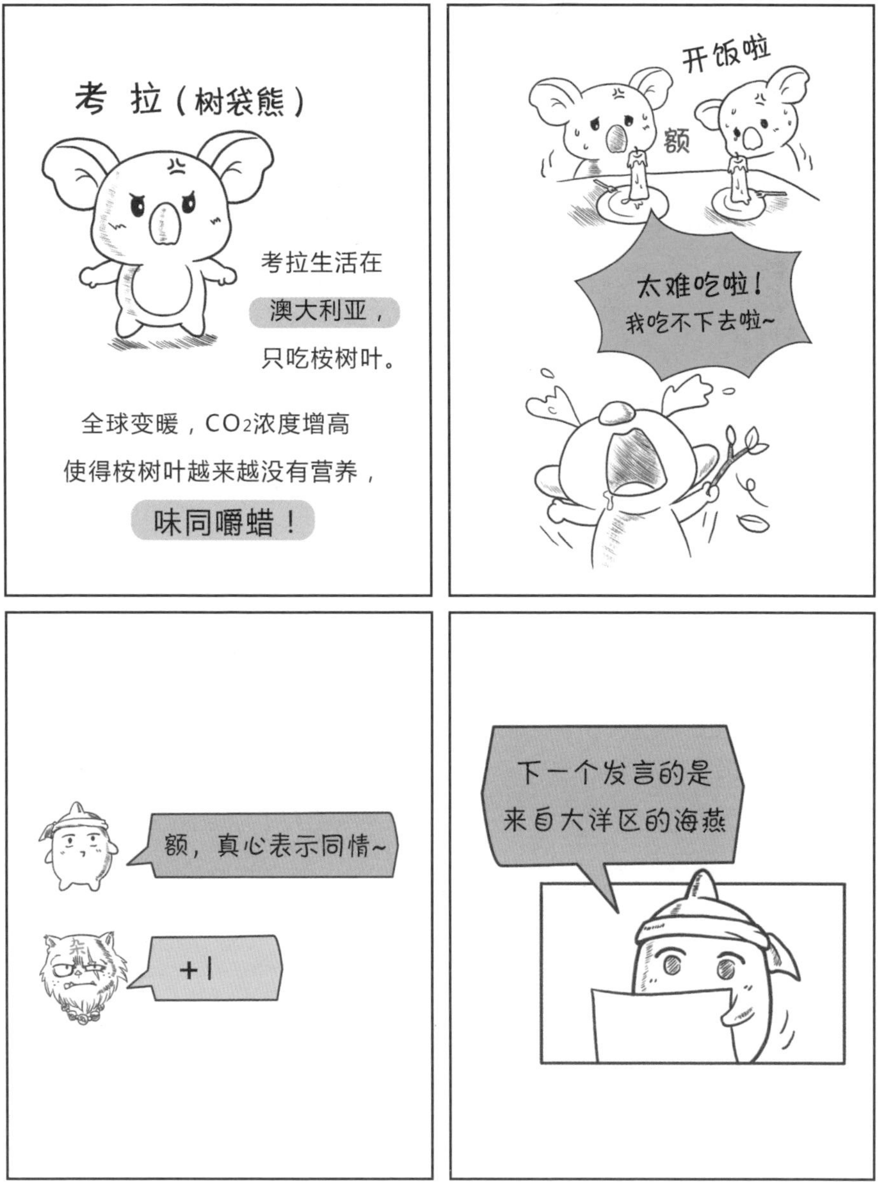
考 拉（树袋熊）
考拉生活在
澳大利亚，
只吃桉树叶。
全球变暖，CO_2浓度增高
使得桉树叶越来越没有营养，
味同嚼蜡！
开饭啦
额
太难吃啦！
我吃不下去啦~
额，真心表示同情~
+1
下一个发言的是
来自大洋区的海燕

海洋本来是地球上最稳定的生态系统，近些年来海洋污染使海洋生态系统遭到破坏，损害生物资源，危害人类健康。

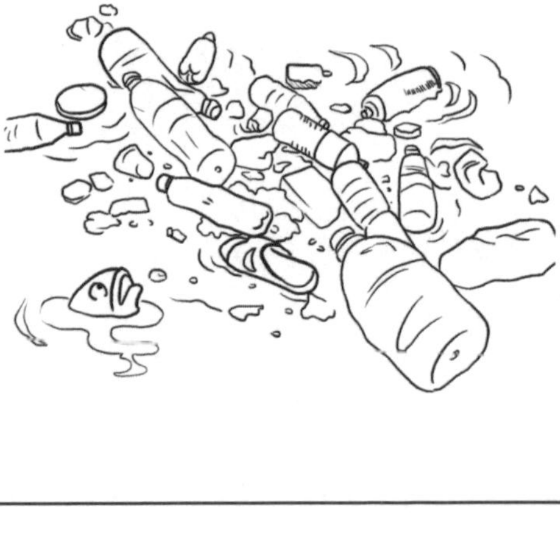

老大~刚得到消息，
孟加拉虎和露脊鲸
都来不了啦！
噢，是么...
空荡荡
XXX
XXX
XX
下一次，不知道
还会看不到谁了...

动物们比人类要弱小很多，
面对强大的自然，它们无处躲藏也
不能倾诉感受，更多的还是需要人类
帮助它们度过难关啊。

帮帮我们~

生物多样性的降低导致
生态系统更加脆弱和不稳定。
人类与动物共同生存于
同一环境中
动物机体动态平衡的改变
势必也危害着人类。

除了以上出场的动物朋友还有很多动物饱受气候和环境变化之苦，希望大家多多关注。
我们应该负担起气候变化的主要责任，毕竟人与动物都这是美丽的地球不可或缺的一员。
杂

秃鹰

到2080年，我们的生存空间将下降75%。而鸟类中有1800种都面临着气候变化带来的灭绝危机。

驯鹿

除栖息地减少外，丛林驯鹿也将面临食物短缺的威胁(夏季越来越干旱的气候所引发的野火和冬季降雪冬雨对地衣的威胁）

蝴蝶

气候变暖扰乱了蝴蝶飞行季节，它们有可能遭遇霜冻而死亡，或者比它们所依赖的植物食物提早出现而挨饿。

白首狐猴

在以后70年里，马达加斯加岛上的狐猴可能会因为气候变化失去大约60%的栖息地。

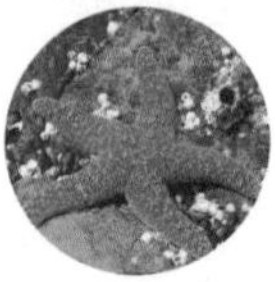

海星

全球变暖令海水升温，海星的重要器官会在高温的环境下变无法正常运转，海星遂会自断胳膊求生。

美洲狮

生存地由于气候的变化而发生干旱，食物减少，大大威胁着美洲狮的生存。

—— End ——

如果“霾”会说话

18 放错地方的资源

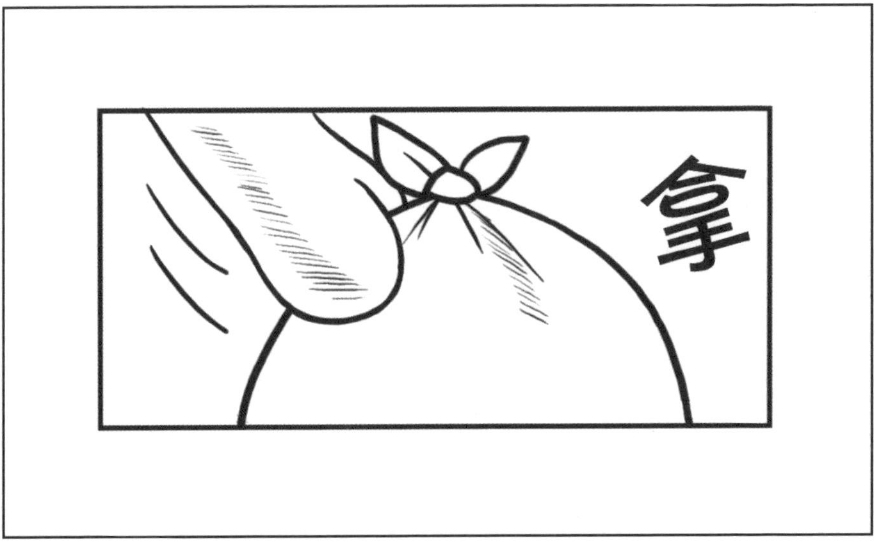
拿

小灰
霾头
老大，今天你要给我科普点什么呢？

你知道这个垃圾袋之后的旅程会是怎样的吗？
哦？
我给你讲讲垃圾袋的奇幻漂流吧。

啊~
“垃圾袋”走出家门“旅行”的第一站就是小区垃圾桶。
小灰~
然后，小区的保洁阿姨会对它进行身体检查，将里面有价值的物品如废报纸、塑料瓶等挑走。
啊~

之后，垃圾运输车会把垃圾运走，
这些车厢是全封闭的。
减少了异味和半路遗撒的可能。
创文明城市
垃圾桶
垃圾桶

自卸式垃圾运输车会开到城市
垃圾压缩站，那里是城市中各个
清运站输送过来的垃圾的集合地。
垃圾车

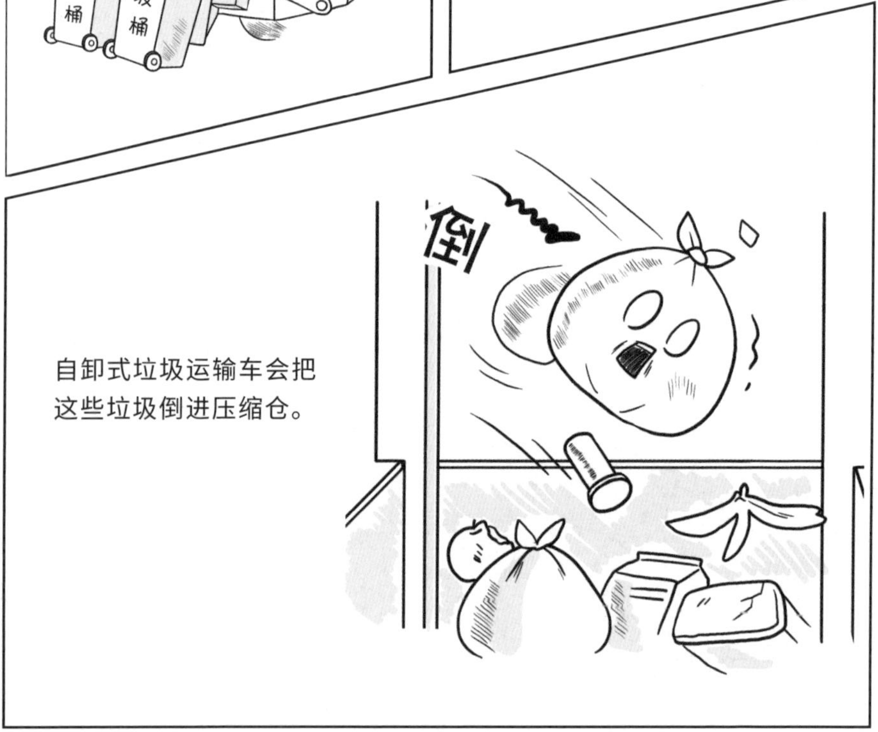
自卸式垃圾运输车会把
这些垃圾倒进压缩仓。
倒

通过垃圾压缩站智能化压缩，
瞬间就能把这些垃圾压缩成
一块板子。

……

之后被压缩好的垃圾板子被送
至城市附近的垃圾焚烧发电厂。

垃圾板进入焚烧发电系统，
焚烧温度达到了850~1100℃，
才能保证垃圾板子充分燃烧。

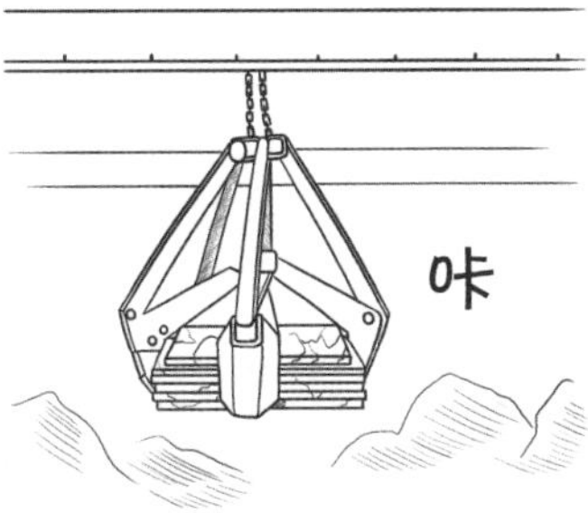

燃烧过程中产生的气体不会造成污染吗？
杂
燃烧产生的烟气要经过六次处理，达标后才会排放。目前已经完全优于国标，达到了欧标标准。
那垃圾就这么消失了吗？
呵呵，没有哦

垃圾并不是简单的被焚烧，
这是一座火力发电厂，
经过高温燃烧，垃圾变成了电，
被输送到千家万户！

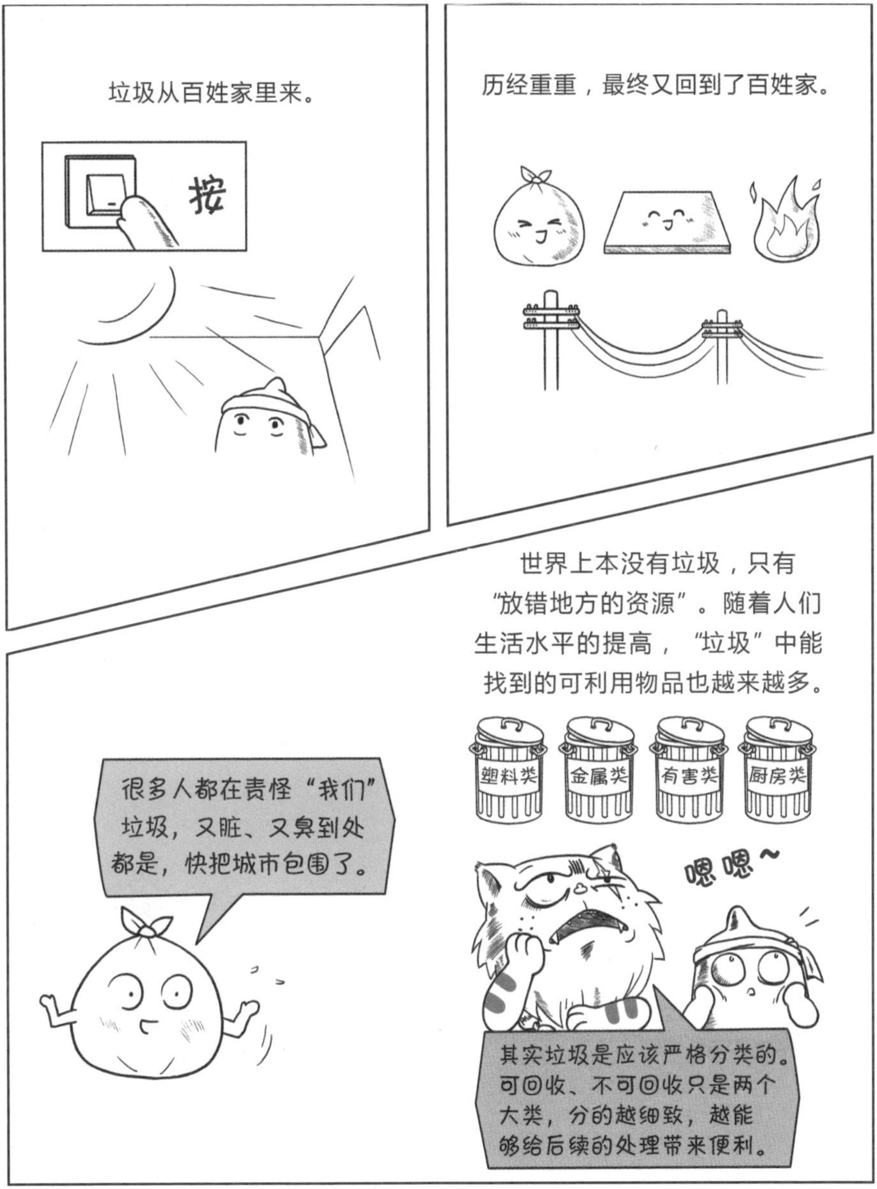
垃圾从百姓家里来。
按
历经重重，最终又回到了百姓家。
世界上本没有垃圾，只有“放错地方的资源”。随着人们生活水平的提高，“垃圾”中能找到的可利用物品也越来越多。
塑料类
金属类
有害类
厨房类
很多人都在责怪“我们”垃圾，又脏、又臭到处都是，快把城市包围了。
嗯嗯~
其实垃圾是应该严格分类的。可回收、不可回收只是两个大类，分的越细致，越能够给后续的处理带来便利。

其实，拒绝垃圾围城最重要是从源头上减少垃圾，这就是我们一直在提倡的垃圾分类，而这需要我们共同的努力。

小贴士

近年来，我国加速推行垃圾分类制度，全国垃圾分类工作由点到面、逐步启动、成效初显，46 个重点城市先行先试，推进垃圾分类取得积极进展。2019 年起，全国地市级以上城市全面启动生活垃圾分类工作，到 2020 年底 46 个重点城市将基本建成垃圾分类处理系统，2025 年底前全国地级以上城市将基本建成垃圾分类处理系统。

——《人民日报》2019 年 6 月 4 日

—— End ——

如果“霾”会说话

19 恼人的噪声

因新机场噪音治理，
北京市多个受影响村落或将拆迁

飞机起降时其机体发出的声音
一般为100~140分贝。

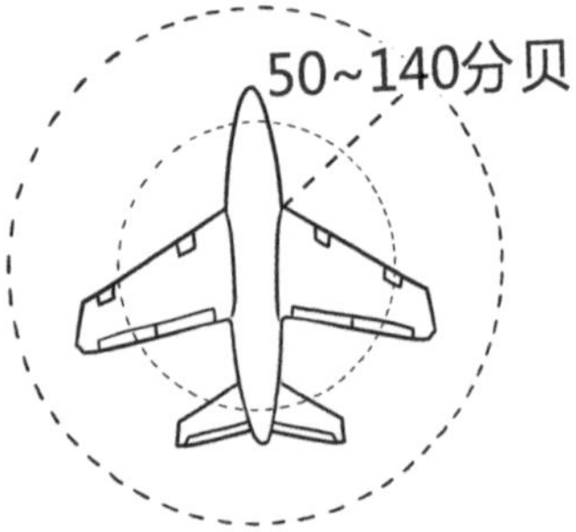

随着飞机起降地点、高低程度的不同
周边居民就被笼罩在50~140分贝
的噪音环境中，这严重影响机场
周边居民的生活和健康。

正常
忽然飞机飞过~
啊~
机场噪声只是我们生活中噪声的一部分，还有工业生产、建筑施工、交通运输等。

常见的违反社会生活噪声的具体行为主要有：
施工扰民，这噪声已经严重超标。
杂
哧
哧
哧

在街道、广场、公园等公共场所
使用音响器材音量过大，
也会干扰周围生活环境的。
你是我的小呀
小苹果…
机动车报警器或者鸣笛声音。
甩卖！
甩卖！
甩
宠物叫声也可能
影响到生活哟
禁
为招揽顾客，在经营场所外使用喇叭
长时间以大音量叫卖或者播放音乐

只要产生了与环境不相适应的
噪声排放，而且也产生了居民
被干扰的后果，
即可认定为“噪声扰民”。
这些噪声污染天长日久下来，会对人体造成很大的危害...
杂
影响神经系统，
使人脾气暴躁，心情沉闷
看什么！
打
损害人的听觉，
造成听力下降。
啥？马什么梅？
影响睡眠质量，
引起心脏血管伤害。
高血压
OMG!
心梗
脑血栓

噪声污染与我们的生活和健康
息息相关,希望大家多多关注哦！

—— End ——

如果“霾”会说话

20 他山之石——各国大气污染防治之路

老大!!
我研究了一下老大你们悠久的家族史，原来我们空气污染大军不只在我们中国肆虐，之前在世界各个国家都有所作为啊！
小灰终于慢慢了解我们霾族的伟大之处了（嘿嘿嘿～）
在过去，我率领着麾下的六大金刚征战各大洲，欧洲、亚洲、南美北美均留下过我们征战的印记。
美国
英国
比利时
日本
巴西
那他们为了脱离这种现状用了多长时间啊？
美国解决铅污染用了 25 年
洛杉矶空气达标用了超 60 年时间
这些灰尘好讨厌
给我滚远一点！

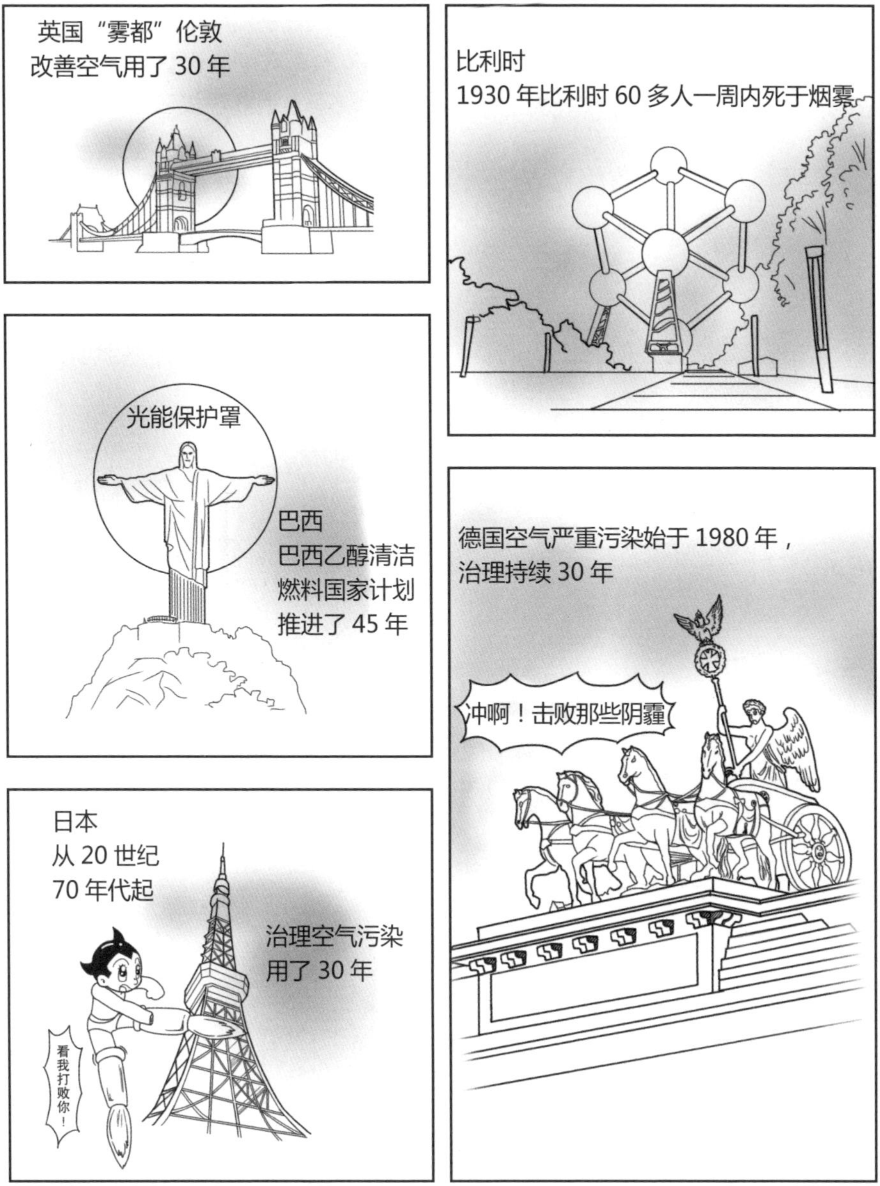
英国“雾都”伦敦
改善空气用了 30 年
比利时
1930 年比利时 60 多人一周内死于烟雾
光能保护罩
巴西
巴西乙醇清洁燃料国家计划推进了 45 年
德国空气严重污染始于 1980 年，治理持续 30 年
冲啊！击败那些阴霾
日本
从 20 世纪 70 年代起
治理空气污染用了 30 年
看我打败你！

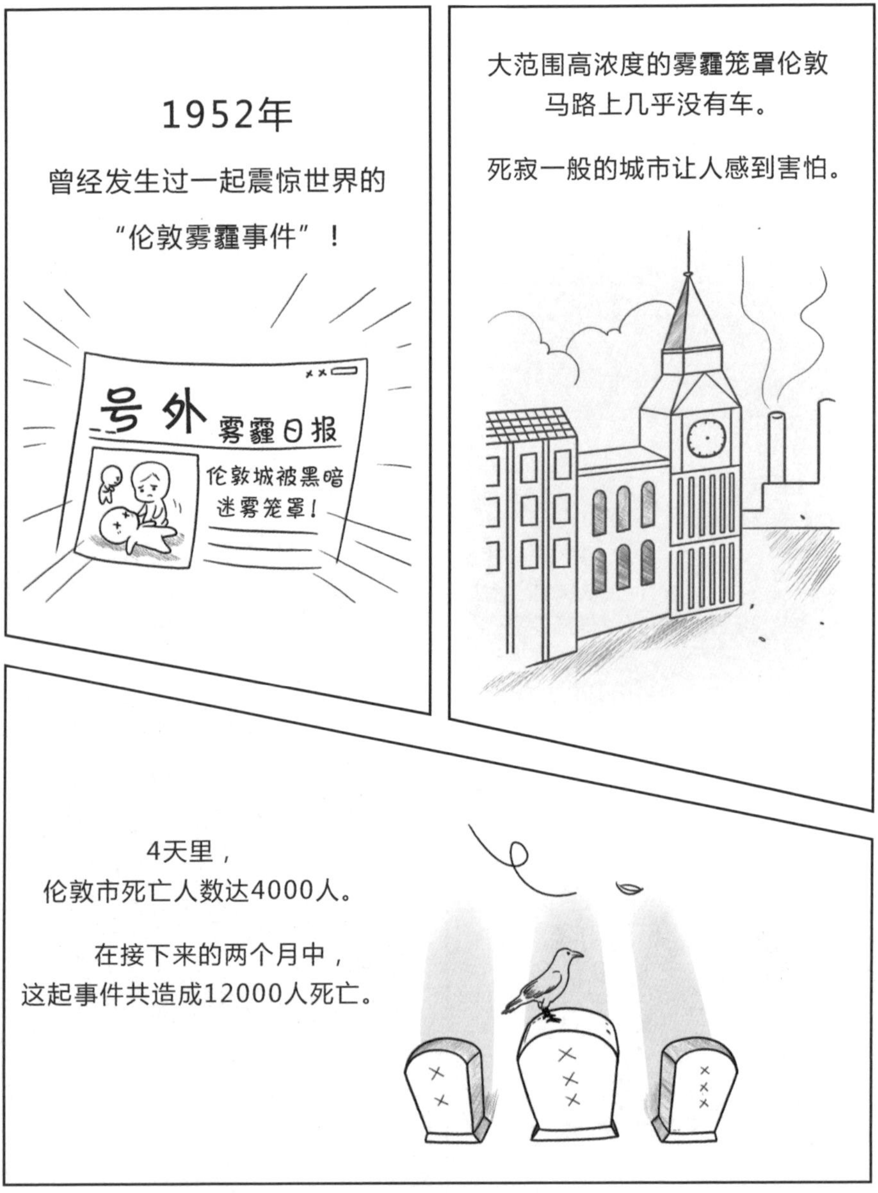
1952年
曾经发生过一起震惊世界的
“伦敦雾霾事件”！
号外
雾霾日报
伦敦城被黑暗迷雾笼罩！
大范围高浓度的雾霾笼罩伦敦
马路上几乎没有车。
死寂一般的城市让人感到害怕。
4天里，
伦敦市死亡人数达4000人。
在接下来的两个月中，
这起事件共造成12000人死亡。

英国人终于开始着手治理

1956年 颁布了《清洁空气法案》

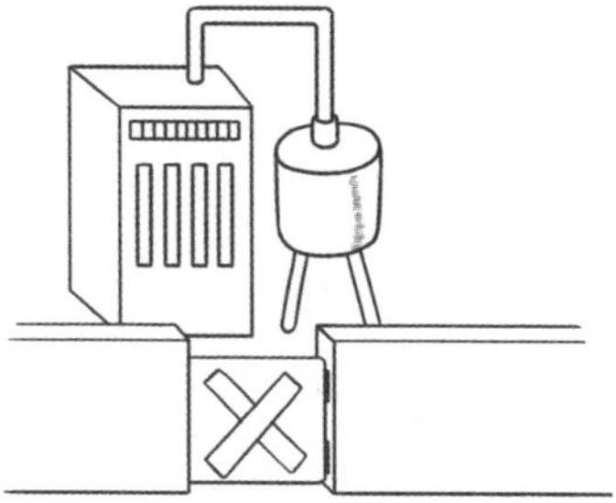

发电厂和重工业
设施被迁往郊外

工业企业建造
高大的烟囱，
加强疏散
大气污染物。

大规模改造城市
居民的传统炉灶
减少煤炭
排放方式。

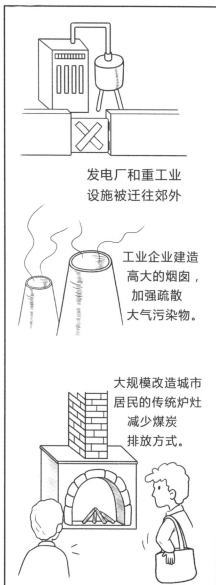

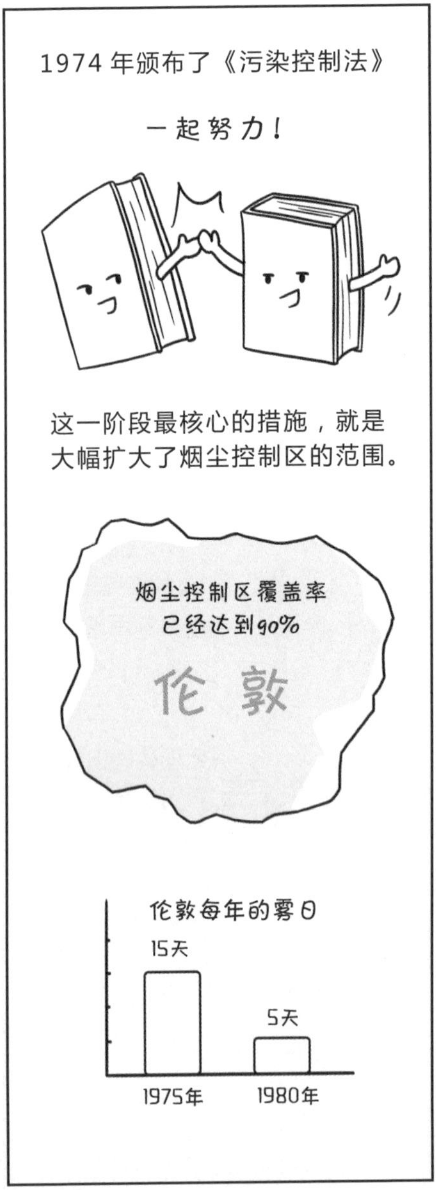
1974年颁布了《污染控制法》
一起努力！
这一阶段最核心的措施，就是大幅扩大了烟尘控制区的范围。
烟尘控制区覆盖率
已经达到90%
伦敦
伦敦每年的雾日
15天
5天
1975年
1980年

几经努力后，
伦敦摘掉了“雾都”的帽子！
而这一切，
花费了30年！
杂

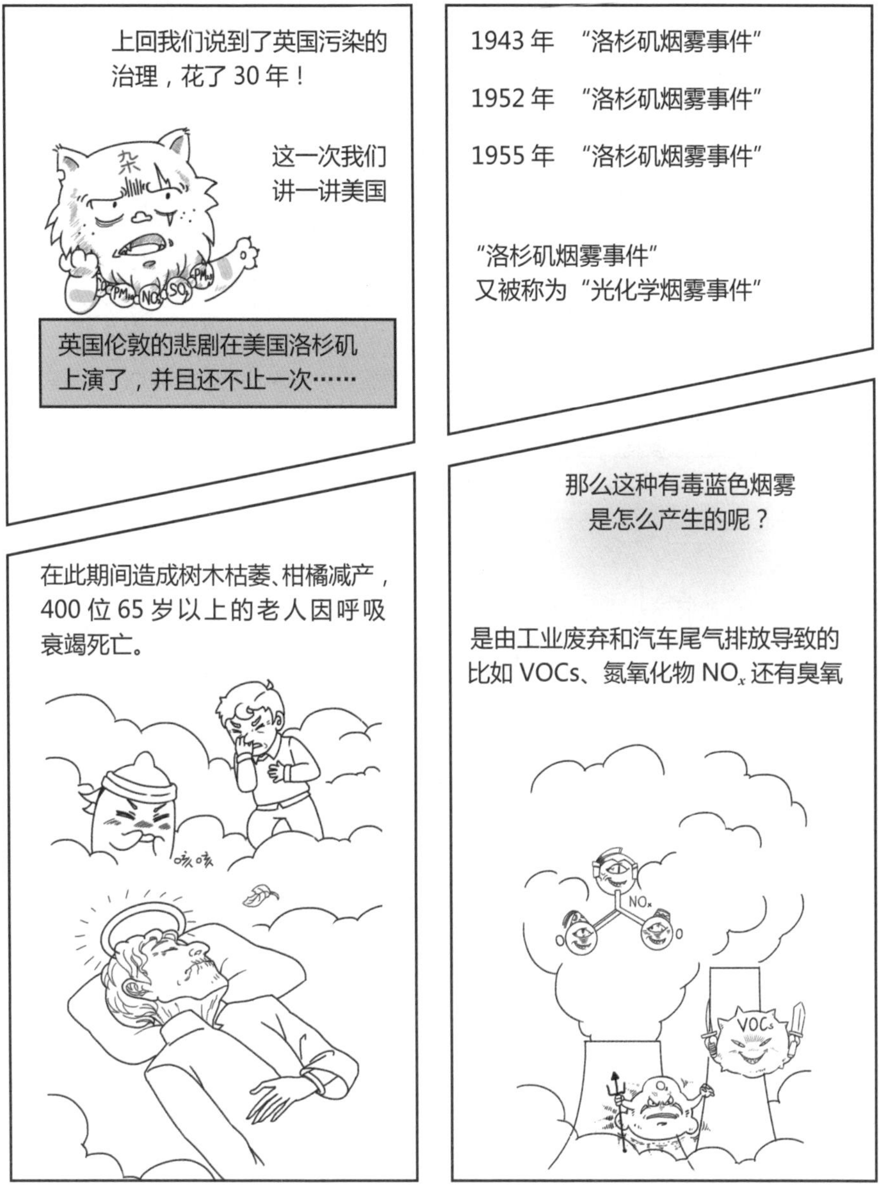
上回我们说到了英国污染的治理，花了30年！
这一次我们讲一讲美国
杂
英国伦敦的悲剧在美国洛杉矶上演了，并且还不止一次……
1943年　“洛杉矶烟雾事件”
1952年　“洛杉矶烟雾事件”
1955年　“洛杉矶烟雾事件”
“洛杉矶烟雾事件”又被称为“光化学烟雾事件”
在此期间造成树木枯萎、柑橘减产，400位65岁以上的老人因呼吸衰竭死亡。
咳咳
那么这种有毒蓝色烟雾是怎么产生的呢？
是由工业废弃和汽车尾气排放导致的比如VOCs、氮氧化物NO_x还有臭氧
NO_x
VOCs

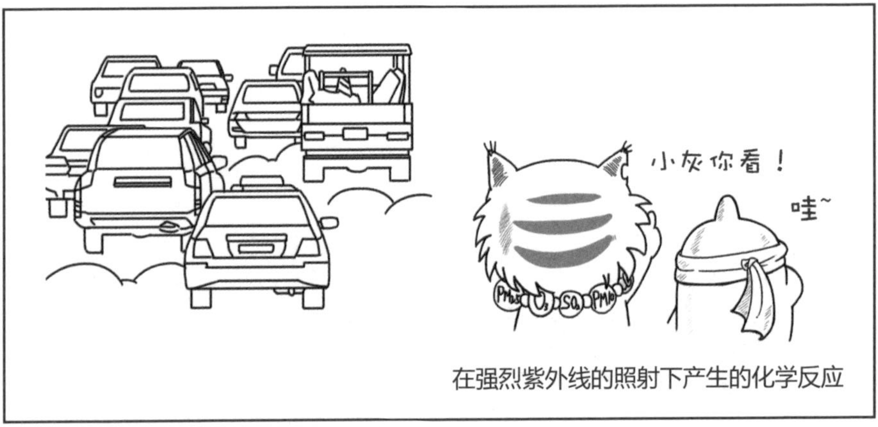
小灰你看！
哇~
在强烈紫外线的照射下产生的化学反应

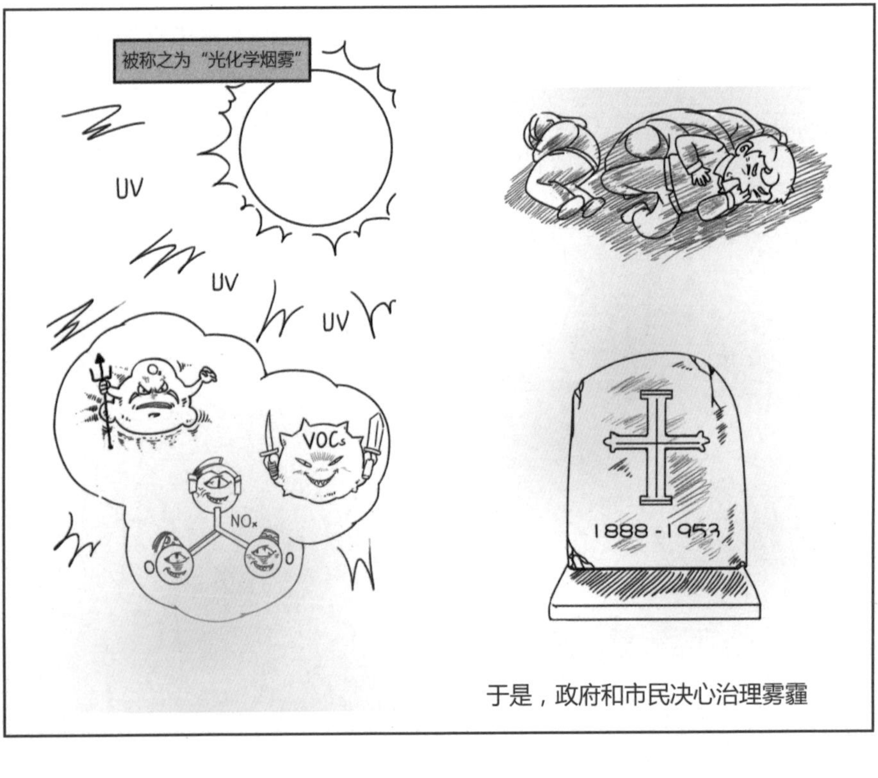
被称之为“光化学烟雾”
UV
UV
UV
VOCs
NOx
O
O
1888-1953
于是，政府和市民决心治理雾霾

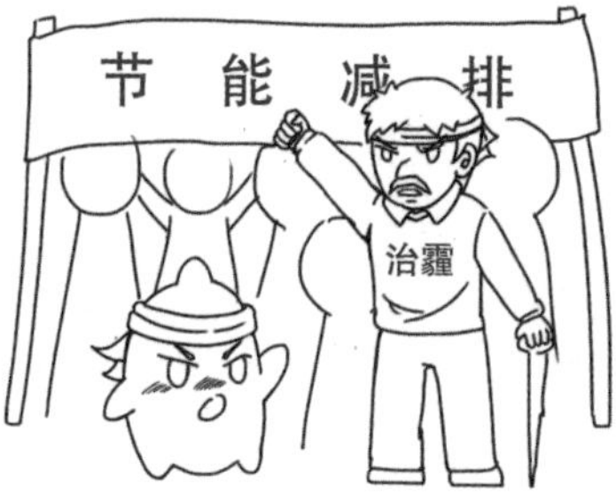

1946 年，洛杉矶市成立了全美第一个地方空气质量管理部门

并建立了全美第一个工业污染气体排放标准和许可证制度

1967 年，加利福尼亚空气资源委员会成立，并制定了全美第一个空气质量标准

1970 年 4 月 22 日，美国环境保护署成立。后来为了纪念这一天，美国政府定其为“地球日”。

1970 年，一部具有里程碑意义的法律——《清洁空气法》出台。

为美国的空气治理提供了法律依据。

—— End ——

未完待续…